高等学校土建类专业课程教材与教学资源专家委员会“十四五”规划教材
高等学校土木工程专业创新型人才培养系列教材
土木工程专业本研贯通系列教材

齐吉琳　王冬勇　编　著

中国建筑工业出版社

图书在版编目（CIP）数据

环境土力学 / 齐吉琳，王冬勇编著 . -- 北京：中国建筑工业出版社，2025. 5. -- (高等学校土建类专业课程教材与教学资源专家委员会“十四五”规划教材)(高等学校土木工程专业创新型人才培养系列教材)(土木工程专业本研贯通系列教材). -- ISBN 978-7-112-31035-7

Ⅰ. TU43

中国国家版本馆 CIP 数据核字第 2025V3B725 号

本书是一部岩土工程与环境学科交叉的教材，主要讲述土力学中的“力 - 热 - 水 - 化 - 生”等环境因素的效应，以及环境影响下的典型工程问题，兼顾初等土力学内容的提高，同时也包含了部分最新科研成果。全书共分 6 章，包括环境土力学概论、土的力学效应、土的温度效应、土的水分效应、土的化学效应以及土的工程改良。

本书可作为高等学校岩土工程相关专业本科生和研究生的教材，也可以作为高等学历继续教育和注册岩土工程师考试的参考书目。

为了更好地支持相应课程的教学，我们向采用本书作为教材的教师提供课件，有需要者可与出版社联系。

建工书院：https://edu.cabplink.com

邮箱：jckj@cabp.com.cn　电话：(010) 58337285

责任编辑：吉万旺　赵　莉

文字编辑：周　潮

责任校对：赵　菲

高等学校土建类专业课程教材与教学资源专家委员会“十四五”规划教材

高等学校土木工程专业创新型人才培养系列教材

土木工程专业本研贯通系列教材

环境土力学

齐吉琳　王冬勇　编　著

*

中国建筑工业出版社出版、发行（北京海淀三里河路 9 号）

各地新华书店、建筑书店经销

北京点击世代文化传媒有限公司制版

河北鹏润印刷有限公司印刷

*

开本：787 毫米 ×1092 毫米　1/16　印张：11¼　字数：220 千字

2025 年 4 月第一版　2025 年 4 月第一次印刷

定价：**99.00** 元（赠教师课件）

ISBN 978-7-112-31035-7

(44701)

前言 PREFACE

自20世纪90年代以来，我国开展了大规模的基础设施建设，推动了岩土工程学科的迅猛发展。为应对科技和经济发展的新形势，国家提出了发展新质生产力的战略决策。新质生产力立足于颠覆性创新和高质量发展，以智能技术和绿色技术为支撑，通过新一轮的技术革命实现生产力的飞跃。在这种形势下，岩土工程学科需要加强学科交叉，尤其重视环境因素的影响，为社会经济的高质量可持续发展提供坚实的支撑。

土是自然的产物，岩土工程与环境有着天然的密切关系。在高等学校开展环境土力学教学，无论是从学科发展还是社会经济的需求来看，都是非常必要的。本书是一部岩土工程与环境学科交叉的教材，主要讲述土力学中的“力-热-水-化-生”等环境因素的效应，以及环境影响下的典型工程问题，兼顾初等土力学内容的提高，同时也包含了作者和同行的部分最新科研成果。本书适合作为高年级本科生和研究生的教材，作为注册岩土工程师考试的参考书目，也希望能够为业界同行提供参考。

全书分6章。第1章是环境土力学概论，讲述学科的科学内涵；第2～5章分别讲述力、热、水、化四个环境因素下的土力学问题；第6章讲述土的工程改良，包括物理改良、化学改良以及生物改良，生物因素包含在这一章中。

本书由北京建筑大学齐吉琳教授和王冬勇副教授主编，齐吉琳策划并负责第1～3章的编写工作（除3.2节），王冬勇协助规划实施并负责第4～6章的编写工作；北京建筑大学孔令明副教授负责3.2节的编写工作，参与了全书的修改和校订；北京建筑大学土木与交通工程学院博士生崔雯宇和沈万涛参与了编辑工作；全书由齐吉琳教授统稿。编写过程中得到国内外许多同行专家的指导和支持，在此一并致以谢忱。限于时间原因，加之作者水平所限，书中一定有一些不妥之处，敬请广大读者批评指正。

本书由中国科学院武汉岩土力学研究所韦昌富研究员主审。

编者

2024年7月

目录 CONTENTS

第4章

土的水分效应

第5章

土的化学效应

第1章 环境土力学概论

导读：首先从土的材料角度介绍土力学的环境属性，从研究范式的角度解析土力学的发展历程，说明环境土力学是实现向第四范式转变的重要基础；其次，介绍土力学所涉及的环境因素和多场耦合作用；最后，交代几个相关的科学哲学概念，为学好环境土力学形成科学的思维模式。

1.1 土力学的环境属性和发展历程

1.1.1 土力学与环境

土力学中将土定义为岩石经过风化、剥蚀、搬运、沉积而形成的颗粒状沉积物。很显然，土是自然的产物，受周围环境的影响而处于动态变化过程中。从岩土工程的角度，这里的环境是指影响工程建设和运维的诸多因素的集合，主要包括水文地质与工程地质，以及应力、温度、化学和生物条件。工程活动一方面改变环境，同时也受环境的显著制约。这就要求岩土工程师对工程场址的环境要素进行详细勘查和深入研究，并运用土力学知识给出合理的解决方案，以保证构筑物安全、经济和正常使用。

土既是工程中最常遇到的材料，又是一个受多种环境因素共同作用的复杂体系。由于其特殊的形成过程，土具有3个典型特点，即碎散性、三相性和时空变异性。

碎散性指土是一种碎散材料，其颗粒在环境因素作用下可能发生胶结或者进一步破碎，导致土的工程性质改变。

三相性指土通常由固体物质、液体和气体三相组成。孔隙中的液体和气体合称孔隙流体，孔隙液体不仅是土一个组成部分，同时也是一个环境要素，受到环境中地表和地下水条件的影响；孔隙气体经常含有水汽，水汽迁移无疑会改变土中水分的分布。固体物质一般由矿物质组成，常含有化学胶结物、有机物和微生物。矿物质包括原生矿物和次生矿物，其中原生矿物的主要成分是石英、长石和方解石等，性质比较稳定，受环境的影响不显著；次生矿物的主要成分是高岭石、伊利石和蒙脱石等黏土矿物，吸水力强，性质活跃，受环境的影响显著。固相中的化学胶结物、有机质和微生物，

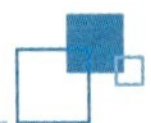

对环境的影响反应比较敏感。

上述孔隙流体的迁移和固体物质的改变，使土的力学性质发生动态变化；再加上土形成过程中造成的空间差异，不同地点的土具有不同的性质，且这些性质在过去、现在和将来都会不同，即土具有时空变异性。

土的材料特性及其环境影响作用如图 1-1 所示。考虑到土与环境的天然联系，其工程性质受到环境持续影响，在土力学研究中必须考虑环境因素。

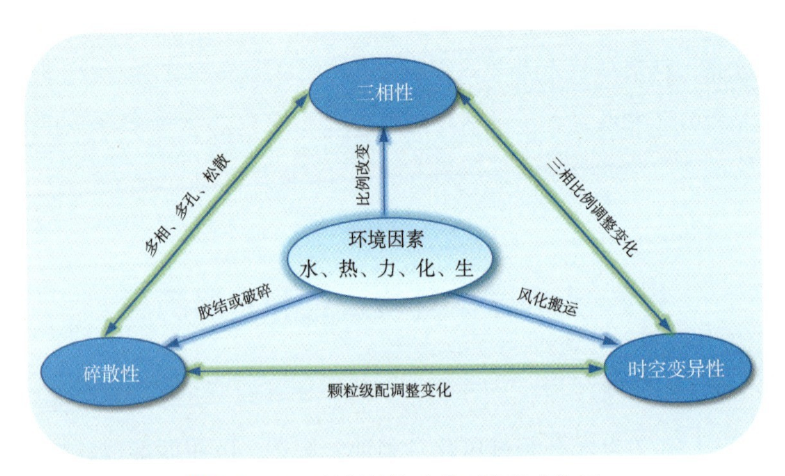

图 1-1　土的材料特性及其环境影响作用

1.1.2　土力学的研究范式

认识土力学的发展历程，并科学合理地划分其发展阶段，对于当前和未来的土力学研究具有重要的指导意义。下面将首先介绍自然科学研究范式的概念，然后从研究范式的角度分析土力学的发展历程，说明充分考虑环境因素对土力学研究范式的更迭具有重要作用。

1. 自然科学的研究范式

20 世纪 60 年代，库恩（Thomas Kuhn）提出了范式的概念，认为范式是科学家群体所共同接受的一组假说、理论、准则和方法的总和，构成科学家群体的整体认知和信念。范式的形成是一门学科形成的必要条件，范式的更迭则意味着学科的发展不断走向成熟。格雷（Jim Gray）在 2007 年提出，人类科学研究经历了四个范式，如图 1-2 所示。第一范式是实证科学，人们主要以经验观察来描述自然现象；第二范式是理论科学，科学家基于简化和假设提出理论，描述自然现象；然而，理论模型难以胜任复杂条件下的许多工程问题，近几十年来出现了以计算科学为主要特征的第三范式，通过计算机模拟复杂现象；随着数据激增，亟需一种新的方式来发现知识。充分利用人

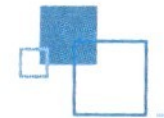

工智能强大的分析能力来处理由实测或计算模拟产生的海量数据，有望进入以数据科学为主要特征的第四范式。

图 1-2 科学研究的范式

2. 基于研究范式的土力学发展历程

关于土力学的发展历程，不同学者提出了不同的阶段划分方案。中国岩土工程界的主流意见是按照两个事件，即 1925 年太沙基（Karl Terzaghi）第一部土力学专著的出版，以及 1960 年前后剑桥模型的提出，将土力学的发展历程划分为萌芽阶段、古典土力学阶段和现代土力学阶段。本书作者在其所主编的《土力学》中指出，这种划分方法的科学依据是土的基本科学问题的合理解决。下面将在此基础上，进一步从自然科学研究范式更迭的角度来审视土力学的发展历程。

1）第一范式（1925 年前）

人类生存和发展过程中与土打交道已有悠久的历史。1925 年以前的阶段被称为萌芽阶段，库仑（Charles-Augustin de Coulomb）发现了土抗剪强度的库仑公式，达西（Henry Darcy）提出了反映土渗流规律的达西定律，分别解决了土的强度和渗流问题。这一时期，人们主要采用实验观察的方法进行研究，属于第一范式，即实证科学范式。

2）第二范式（1925 ~ 1960 年）

从 1923 年开始，太沙基提出有效应力原理，并建立了固结理论，解决了土的变形问题。至此人们对土力学的三大问题，即强度、渗流和变形都有了科学的认识。太沙基的第一本土力学专著中汇总了这些科学知识，于是土力学作为一门独立学科便诞生了。需要指出的是，有效应力原理的提出，使土力学进入了以理论描述为基本特征的

阶段，这一阶段广泛发展理论模型来解释工程现象。土力学研究进入了第二范式，即理论科学范式。

3）第三范式（1960年迄今）

1960年前后，剑桥学派提出的弹塑性本构模型将土的强度和变形问题耦合考虑，此后土的本构理论成为土力学的研究热点，正是在同时期，计算技术迅猛发展。合理的本构理论和强大的计算技术，使岩土工程师越来越多地通过计算模拟来解决复杂的工程问题，标志着土力学研究进入了第三范式，即计算科学范式。

4）第四范式（正在形成中）

以上分析可以看出，土力学是以解决科学问题为导向，按照自然科学的研究范式更迭发展起来的。同时也必须看到，每一个阶段所对应的范式并不成熟。第一范式基于经验观察大致建立了一些基本规律和概念体系，但目前仍存在很多非共识的科学问题，例如土中应力分担与传递以及多环境因素的影响；第二范式在此基础上发展而来，可想而知，土的许多理论还很不完善；由此也进一步导致第三范式计算模拟难以获得令人满意的效果。其中，环境因素的影响使得人们难以准确把握土的工程性质，也是导致上述问题的重要原因。

随着岩土工程领域大量数据的不断获取和积累，加上强大的数据处理技术的不断提高，迈向第四范式——数据科学的两个重要条件已经具备。必须看到，数据潜在价值的充分发挥很大程度上依赖于人们对数据物理意义的合理把握。因此，基于数据科学的土力学研究需要充分结合前三个范式的研究成果，才能顺利起步和健康发展。可以认为，土力学正处于向第四范式转变的历史关键时期，环境土力学无疑会为这一转变起到重要的支撑作用。

1.2 环境土力学的基本问题

1.2.1 环境岩土工程学的发展

自20世纪中后期开始，人们发现经典土力学与基础工程已不能满足社会发展的要求，设计者需要考虑的问题不单单是工程本身的力学问题，而是要考虑环境要素作为重要的制约条件。基于此，1981年在瑞典召开的第10届国际土力学与基础工程学术会议第一次提出“环境岩土工程”，并于1986年在美国召开了第1届国际环境岩土工程学术讨论会，成立了国际土力学及岩土工程学会的分支机构——环境土工专业委员会（原为TC5，现改为TC215），迄今已组织召开9次国际大会。我国的环境岩土工程起步于20世纪90年代，提出了一系列环境岩土工程新理论、新方法与新技术，经过

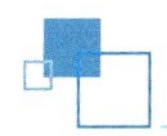

近30年的发展，在国际上的影响力正逐步扩大并占据重要地位。

环境岩土工程已经成为岩土工程学科的一个新的生长点，然而，目前业界对其学科内涵还存在不同的理解。环境总是相对某一中心事物而言，是围绕某一中心事物的外部空间、条件和状况，以及可能对其产生影响的各种因素。《环境科学大辞典》中将环境定义为，以人类为主体的外部世界，主要是地球表面与人类发生相互作用的自然要素及其总体，即影响人类生存和发展的各种天然的和经过人工改造的自然因素的总体。当提到环境的时候，人们常常默认为以人类的生存发展为中心事物，因此业界在早期更多注重这个概念，由此自然而然地界定为岩土工程为环境服务。然而，这不可避免地与环境科学领域的研究内容过于重叠。陈云敏院士认为，目前，环境土工的主要研究方向从早期的城市固体废弃物处置逐渐扩展至地下水土评价和防治、污泥等低污染性固体废弃物处置和利用，研究内容逐渐从固体废弃物、污染土的力学和环境特性向岩土介质与生化物质的相互作用和多场耦合行为转变。可见，学科的内涵开始转变为以岩土工程为中心事物，即充分考虑环境因素的影响，为岩土工程服务。由于岩土工程与环境的天然联系，岩土工程师需要考虑的问题必定不是孤立的、局部的，而是综合的、全面的。

环境岩土工程是岩土工程与环境工程紧密结合而发展起来的一门新兴学科，是工程与环境协调、可持续发展背景下岩土工程学科的延伸和发展。需要指出的是，尽管岩土包括岩石和土，但是由于学科发展历史的原因，岩土工程有时特指土力学。本书将沿用这种习惯，书中的环境岩土工程和环境土力学两个术语不作严格区分，均是指充分考虑环境因素的影响，利用土力学原理和技术保障工程的安全和经济合理性。

1.2.2　岩土工程中的环境因素

不同的环境因素，对岩土工程有着不同的影响，大致可以从水、热、力、化、生五个方面来考察，下面分别简要介绍。

1. 水分因素

水分变化会引起大量岩土工程问题。从材料的角度来说，不同含水率的土具有不同的工程性质，土的颗粒越细，这种影响越显著。从工程的角度来说，水的渗流会导致渗透变形和破坏，过量抽取地下水还会引起地面沉降，地下水位上升则会使土体的抗剪强度降低，会影响地基的承载力等。相关内容将在第4章介绍。

2. 热量因素

环境中的热量因素对岩土工程的影响是多方面的，包括温度变化对土体力学性质的影响，以及对工程稳定性和使用功能的影响。在正温范围内，温度变化会导致土体

膨胀或收缩，这种体积变化可能引起地基不均匀沉降，影响上部结构的安全；温度变化改变土体水分的状态，进而影响土的工程性质以及土工稳定性。在寒冷地区存在正负温度交替，土体发生冻胀融沉以及经历冻融循环，都会改变土体的强度和变形特性；同时，已冻土的温度毫无疑问是其重要的影响因素。相关内容将在第 3 章介绍。

3. 应力因素

应力对岩土工程的影响是岩土工程师最为熟悉的，自然力和人为施加的力作用于土体，改变土体的应力状态，导致土体变形、破坏，甚至引发工程灾害。应力引起地基变形，超过地基的承载力，构筑物发生倾斜和倒塌；重力导致土体有沿某个潜在的滑动面向下运动的趋势，当边坡的剪切应力超过土体的剪切强度时，就会发生失稳破坏；此外，挡土墙的移动和破坏也是土压力直接作用的结果。以上内容在初等土力学都有涉及，本书将系统讲述土的应力状态表征方法以及土的力学性质科学分类，为高等土力学打好基础。相关内容将在第 2 章介绍。

4. 化学因素

土体中的化学因素对土体稳定性的影响可分为两个方面，均有水分作为媒介参与。含有酸性物质的地下水可能会溶解土体中的矿物质，导致土体的强度和稳定性降低，在部分地区可能会出现地面不均匀沉降的问题；随着水分的蒸发，土中的碳酸钙等物质会引起土体胶结增强，导致土体的强化；在特定的水和温度条件下，可能有盐晶体析出引起土体的膨胀，导致基础沉降或结构损坏。相关内容将在第 5 章介绍。

5. 生物因素

土是人类赖以生存的基础，也是许多生物的栖息场所。近几十年来，人们认识到生物因素对岩土工程的重要性，充分利用土壤酶、微生物、昆虫分泌物（如珊瑚礁）、植物根系等，开发了土体的生物加固技术，对边坡进行生态修复，加强河、湖岸坡的防护，以及发展海洋工程。目前已经形成了采用生物学的理论、技术与方法，解决岩土工程问题的生物岩土力学分支。考虑到生物因素的特殊性以及作者认识的局限性，本书仅在第 6 章简要介绍土体的生物加固技术。

1.2.3 岩土工程中的多场耦合

1. 场的概念

岩土介质中存在不同物理过程之间的相互作用，导致了岩土工程问题的复杂性。一个具有时空分布变化的物理量称为“场”，岩土工程中主要的物理场有应力场、渗流场、温度场、化学场等，场的变化引发不同的物理现象。下面将对这四个基本的物理场进行简要介绍。

应力场：岩土体受到外力作用产生应力，应力场描述了岩土体内部各点的应力分布情况。应力场的变化通常引起土体应变，应力和应变之间通过本构关系加以联系。

渗流场：水在水头差的作用下会在岩土体中流动，渗流场描述了岩土体内部的水流情况，达西定律描述了平流条件下渗流流速与水头梯度之间的关系。

温度场：热量在温度梯度的作用下会在岩土体中流动引起温度的时空变化，温度场描述了岩土体内部的温度分布和热传导情况，傅里叶定律描述了热流与温度梯度之间的关系。

化学场：化学场涉及岩土介质中化学物质的浓度分布、迁移和反应，化学物质的迁移和反应会改变土体的成分和结构，从而影响其力学和水理性质。

2. 多场耦合

岩土工程中的土体都不是孤立存在的，而是处于一定的自然环境中，势必受到环境中应力场、渗流场、温度场、化学场等共同作用，各场之间的相互耦合作用简述如下。

应力场导致土体发生变形，改变土体的渗透系数，从而影响渗流场；土体的密度改变引起导热系数变化，从而改变温度场；通过改变土颗粒的接触面积，从而影响化学场。

渗流场对土颗粒形成拖曳作用，产生渗透力直接影响应力场；通过改变热传导和热对流，从而影响温度场；通过改变溶质的浓度，从而影响化学场。

温度场的变化引起岩土体的热膨胀或收缩，从而影响应力场；通过改变渗透系数或者使水发生相变，从而影响渗流场；通过改变化学反应特性，从而影响化学场。

化学场使土体发生化学软化或者产生应变，从而影响应力场；通过改变渗透系数，从而影响渗流场；通过化学反应吸收或者放出热量，改变热传导性能，从而影响温度场。

可见，岩土材料的固、液、气三相组分受应力场、渗流场、温度场、化学场等共同作用，岩土工程师观察到的任何一个物理现象，通常是多场耦合的综合效应。上述耦合关系如图 1-3 所示。

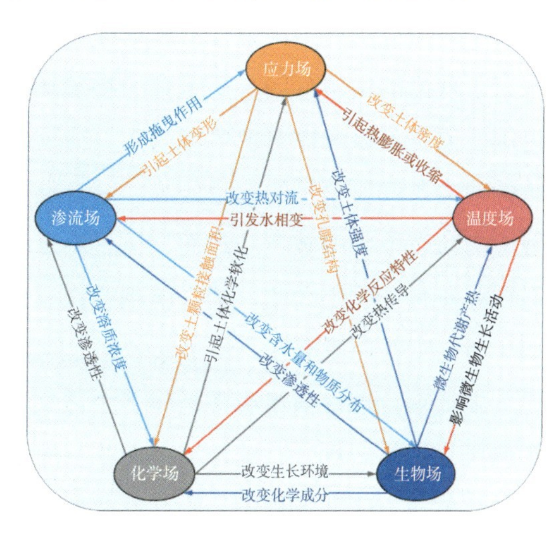

图 1-3　土力学中多场耦合关系

3. 多场耦合的研究方法

在岩土工程发展的初期，多场耦合的概念尚未形成，研究者更多地关注单一变量对岩土材料性能的影响，工程中主要关注单一场问题，如力学性质研究和水力学问题。

伴随着越来越多大型复杂工程的建设，如大型水坝、深基坑和地下工程，工程师和研究者开始注意到渗流场和力学场相互作用的重要性。近几十年来，更多的环境因素受到关注，比如温度场和化学场的耦合问题，以解决诸如污染物运移、热污染、冻土工程和盐渍土等问题。目前，多场耦合研究已经成为岩土工程领域的一个热点。研究者在传统的渗流场和温度场耦合的基础上，开始考虑应力场、化学场、生物场等更多领域的耦合效应，以解决气候变化对冻土区工程的影响、化学物质和微生物活动对土体力学性质的影响等，广泛采用的方法有四种。

第一种是试验观测。岩土工程领域的试验观测主要集中在宏观尺度上，包括室内单元试验、模型试验和现场试验，用以发现物理现象并获得其变化规律。此外，通过微观试验揭示物理现象背后的机理。试验观测方法通常限定某些环境因素，确定单一或有限变量引起的物理现象、规律和机理，所获得的认识是对多场进行人为解耦后的结果。通过这种方法,可以获得试验者所关心的自变量与因变量之间定量化的经验关系。然而，当这种经验关系超出试验所考虑的环境因素或所采用的变量范围时，往往不再适用。与其他物理学科一样，试验观测是获取数据和建立理论的必由之路，因此是环境土力学的基础。

第二种是理论描述。在充分认识现象、获得定量关系、科学揭示机理的基础上，运用数学手段，通过合理的简化和假定建立本构方程并进一步通过试验加以验证，是理论描述的一般流程。需要指出的是，本构方程反映了研究对象物体构成，任意物理量引起其他物理量变化的理论关系式都可以称作本构方程，在岩土工程中经常提及的是关于应力应变的本构方程。理论描述主要是基于试验观测中获得的认识，这也同时限定了理论的适用范围。基于单一物理场试验的本构方程可以拓展所关注的因变量的范围，但是难以考虑更多环境因素。典型的例子如土的破坏准则，基于直剪试验中简单的应力条件所获得的库仑公式，结合莫尔圆建立莫尔 - 库仑准则，可以扩展描述一般应力状态下土的破坏。然而，恒定温度场中所获得的强度准则在温度发生时空变化时往往不再适用。因此，基于解耦的试验条件所获得的规律进而建立的本构方程只适用于所限定的环境条件，要考虑多环境因素的共同作用，就需要建立多场耦合的方程。

多场耦合理论描述通常是将多个适用于单一场的本构方程进行统一，大致可以分为两类。一是弱耦合，这种情况往往只考虑单一场本构方程的模型参数受其他场的影响，比如应力应变方程中，将弹性模量表示为温度的函数用以考虑温度场的影响，这是多场耦合的变通方法；二是强耦合，不同场中的物理量都存在交叉影响，不仅表现在参数上，而且直接表现在微分方程中，这是多场耦合追求的目标。

本构理论是岩土工程的重要研究内容，虽然经过长期不懈努力，但是岩土本构理

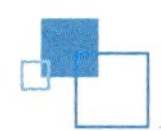

论仍需不断发展和完善，目前主要存在 3 个方面的困难。首先，在进行理论建模时，为了将复杂问题简单化，需要对所研究的对象提出合理的简化假定，使方程并不完全符合实际情况，因此即便是仅涉及单一场的本构方程研究也还需要深化；其次，对于岩土体系统的多场耦合问题，传统的建模方法有很大的局限性，目前还没有普适性的多场耦合本构理论；最后，将本构方程用以解决实际工程的时候，往往面对的是复杂边界条件，很难获得解析解。

第三种是计算模拟。理论描述只限于计算少数简单和规则的问题，对大多数岩土工程问题，涉及的材料和边界条件复杂多样，则需要对求解域进行离散化计算求解，即数值模拟。岩土工程的数值模拟发展迅速，目前常用的方法包括有限元法、有限差分法、边界元法、离散元法、无单元法和混合法等。每一种方法都有其优缺点，但是都强烈地依赖于理论描述的合理性，以及模型参数的准确性。同时，如前所述，缺乏多场耦合方程致使计算模拟经常失去关键支撑，寻求新的有效研究方法至关重要。

第四种是数据挖掘。数据挖掘是从大量的、不完全的、有噪声的、模糊的、随机的数据中提取隐含在其中不为人们所知的，但又有潜在应用价值的信息和知识的过程。岩土工程中的数据挖掘首先需要定义科学问题，即确定工程现象中影响因素和结果之间的关联性；其次是获得数据，建立和管理数据库；然后，对数据进行预处理，通过数据的清洗和同化以提高挖掘的效率；有了这些前期准备，再选择合理的模型即智能挖掘工具，对数据进行分析，从而发现规则、模式和规律，即可获得新的知识。

数据挖掘技术对于解决涉及多相多场、不确定性和随机性的岩土工程问题具有重要的意义。然而，从以上工作流程可以看出，数据挖掘的成败实际上取决于前三步，即认识科学问题、获得有效数据，以及对数据进行合理的前处理。试验观测是认识科学问题的基础，也是获得第一手实测数据的唯一途径；理论描述有助于深入认识科学问题，并为计算模拟提供合理的本构模型；由于试验观测能够提供的数据终归是有限的，在一定条件下通过数值计算可以提供更丰富的数据；数据的预处理则很大程度上依赖于人们对数据的科学认识。因此，数据挖掘技术应当与前三种方法互为补充，相互促进。图 1-4 为环境土力学研究方法。

以上分析表明，土这种材料包含三相，受多个环境因素共同影响，这就决定了环境土力学的复杂性。试验观测、理论描述和计算模拟在土力学研究中都起着重要的作用，但是面对复杂的岩土工程问题，目前还没有一个令人满意的解决方案，数据挖掘有望成为一种有力的补充手段。无论哪种研究手段，都需要从业者准确把握每一个环境因素，这也是本书的主要目的。

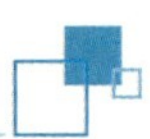

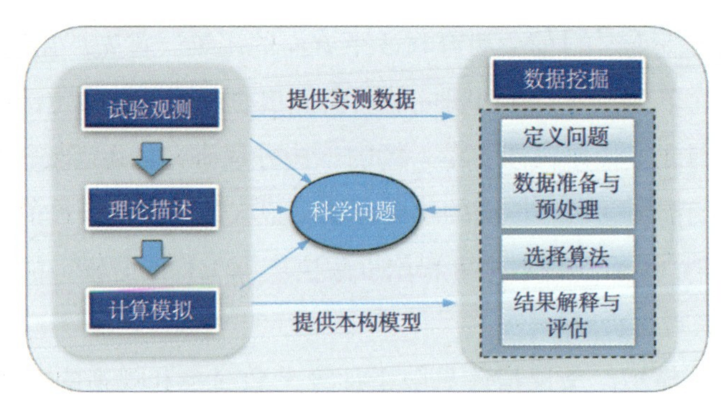

图 1-4 环境土力学研究方法

1.3 环境土力学涉及的科学哲学概念

事实、真理及其与科学之间关系，并不像人们直观理解的那样简单明了。人们普遍认为，事实的积累是一个简单而直接的过程，科学是建立能够解释这些事实的正确理论，这都是关于事实、真理以及它们与科学之间关系的误解。实际上，这种关系不仅复杂，而且富有争议。科学研究中始终贯穿着四个常用的概念：科学、真理、事实、理论。这些概念相互交织、相互关联，在研究环境土力学的时候尤其需要注意。

1.3.1 科学和科学方法

我们经常说一些方法是科学的，而另一些方法是不科学的，那么究竟什么是科学的研究方法？不同的科学哲学家对科学方法的定义不同，但通常都包含三个环节。第一是收集事实，在岩土工程中即是观察实际工程中的现象，通过试验获取数据，确定相关性因素，总结规律，具有简单直接的特点。第二是形成理论，基于可接受的假定、简化和抽象，建立科学理论以解释现象。第三是验证理论，开展更广泛的试验来检验或推翻理论，检验合格的理论即具备了预测功能。

有效应力原理被称作“现代土力学的拱心石”，该原理可以很好地解释土的渗流固结过程以及强度和变形等问题。分析该原理的发展历程，我们会发现其符合科学研究方法的基本特征。太沙基于 1923 年首次提出饱和土的有效应力原理表达式，针对这一力学关系，他通过试验进行了初步解释。随着土工试验仪器的改进发展，太沙基继续开展了一系列饱和土的抗剪强度和变形试验，充分验证了有效应力原理表达式的合理性。伴随着有效应力原理的提出，也涌现出了许多质疑，相关内容将在第 2 章详细介绍。有效应力原理仅在一定条件下适用，并不是多孔介质中的金科玉律，随着科技发展一定会有更合理的理论提出，这也符合科学发展的基本特征。

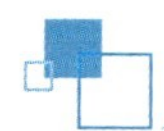

1.3.2　事实认识的片面性

人们对科学理论有一个共识，即理论基于事实，它应该描述和预测事实。然而，“事实”的概念非常复杂。事实可以分为经验事实和概念事实，经验事实是基于试验和观察获得的认知，但是观察通常是片面的，与虚拟很难分开且与概念事实纠缠到一起，我们很难确定观察得到的信息的确切程度；概念事实是人们基于对客观世界的理解经过推理所获得的认知，然而目前的理解有许多是不可靠的，且与经验事实纠缠不清，我们也很难确定推理获得信息的准确程度。这就要求我们对试验数据（经验事实）或者计算结果（概念事实）的片面性有充分的认识。

在岩土工程设计和建设过程中，曾发生多起典型岩土工程事故，如意大利比萨斜塔的倾斜、加拿大特朗斯康谷仓的倾倒以及美国提顿大坝的溃坝。我们有理由相信，这些建筑物在设计建造之前都经过了认真勘查，收集到了一定的资料，工程师将其当作了事实。结果表明，这些所谓的事实是片面的。由于土材料具有时空变异性，且受环境因素的影响，人们通过勘查、试验和计算所获得的结果都具有一定的片面性。随着土力学的发展和工程经验的积累，研究人员对岩土工程问题的认识正在不断发展，我们需要承认阶段性认识的局限性，并不断使用新的科技手段进行探索。

1.3.3　真理认定的困境

首先要说明的是，这里的真理是指描述某一自然现象的正确的科学理论。人们对真理这个命题的理解往往也是想当然的，实际上，关于真理的认定迄今尚未达成共识，我们可以通过一些观点来体会其复杂性。对于真理的认定方法可以分为真理符合论和真理融合论，真理符合论认为符合独立、客观的事实的论述为真理，然而，正如前述，事实本身就很难确定。真理融合论认为与已有总体信条相适应的描述为真理，这需要符合群体认识，然而，确定总体信条缺乏具体可行的方法。

在土力学研究中，我们需要基于前述的研究方法，不断积累符合岩土工程界的群体认知的知识。以土的工程分类为例，分类体系的建立是将工程性质相近的土划分为一类。众所周知，不同国家具有不同的分类体系，而我国不同地区和不同行业内也不同，所谓的“准确分类”实际上需要根据从事的工程所在的地区和行业给出。

1.3.4　理论发展的阶段性

人们普遍认为，理论模型的基本功能是解释和预测，具备这两个功能的就可以称为理论模型，后文简称理论。对理论的理解可以分为工具主义和现实主义，工具主义观点认为一个可接受的理论能够给出预测和解释，至于理论是否反映或模拟真实的现实世界，并不是一个重要的考量因素。著名的托勒密（Claudius Ptolemy，约公元100～168年）基于地心说建立起来的天文学模型曾经具有很好的解释和预测功能，统治天文学界长达13个世纪。然而，随着观测水平的提高，人们发现了一些新的现象，该模型无法对此进行解释和预测，逐渐退出了历史舞台，同时新的天体运行理论不断出现。科学发展史上有许多这样的例子，感兴趣的读者请阅读科学发展史相关资料。现实主义则认为一个可接受的理论不仅能够给出合理的解释和预测，同时还要反映事物的真实情况。如前所述，人们对真实或事实的认识总是具有一定的片面性，建立在这种“事实”基础上的理论模型的“现实性”通常难以保证。

可见，随着人们对自然界的观察或者理解的进步，理论具有阶段性地不断改进和发展。考虑到理论的本质特性是具有解释和预测功能，在土力学研究中，人们经常带着现实主义的理想，建立起工具主义的理论，来解决实际工程问题。这就要求我们，对每一个理论的局限性有充分的认知，同时具有包容的胸怀。

土力学作为一门实用性极强的学科，所解决的基本问题与环境紧密相关。目前，在土力学研究中已经把相互作用的研究提到了重要地位，它是系统论思想的体现，需要综合考虑客观存在的环境因素。科学问题则涉及固、液、气三相介质中的应力与渗流的耦合，土体与结构体间的物理、力学以及化学作用，地基与基础之间应力和变形的协调关系等。

由于土力学学科的特殊性，环境的多样性和多变性，在土力学研究的道路上，不存在任何唯一的、确定的方法。不同的研究对象采用不同的科学思想方式，在进行科学实践时有着不同的方法和理论的选择，甚至对于同一个问题，人们展开研究时也可以采用不同的方式。融合土力学的学科特点以及研究方法解读四个常用的哲学概念，有望突破传统的思维方式为土力学理论的研究提供新的研究思路，同新的技术革命一起推动土力学理论的发展。

思考与习题

1-1　土力学中经常涉及的环境因素有哪些？

1-2　简述环境因素对土三相的作用效应。

1-3　从研究范式的角度，简述土力学的发展历程。

1-4　简述环境土力学中的多场耦合及其研究方法。

1-5　简述科学方法、事实、理论和真理的概念。

第2章 土的力学效应

导读：本章首先讲述土的应力分析，着重介绍土中一点的应力状态和在应力空间中的表征，以及土的力学特性的应力相关性；其次，介绍有效应力原理的概念、发展历史和适用性；最后，介绍土的力学特性的逻辑分类，简述土的本构模型和强度理论。

土的力学效应是环境土力学中的基础性内容，涵盖了土体在各种外力作用下的应力、变形和强度特性。理解这些效应不仅对于理论研究至关重要，更是工程应用中的关键。

首先，土中的应力分析是理解土力学效应的基础。在土体中，外力通过接触面传递，使土粒之间产生相互作用力，形成应力场。应力分析帮助我们理解这些应力场的分布和变化，对预测土体变形和破坏行为至关重要。通过掌握应力的基本概念、应力张量和主应力，以及在物理空间和应力空间中的应力表示方法，读者能够更直观地理解土体内部的应力分布，从而为后续的学习打下坚实的基础。

其次，有效应力原理是土力学的核心原理之一。它揭示了土体内孔隙水压力与总应力之间的关系，解释了土体强度和变形的根本原因。尽管在初等土力学中，该原理的物理含义及其适用性常被简化处理，但在实际工程中，其理解和应用存在大量争议。掌握有效应力原理能够帮助工程师合理评估土体的应力状态和承载能力，为工程设计提供科学依据。

土的力学特性相较于其他材料而言极为复杂。长期以来，岩土工程界一直在探索科学合理的方法来把握土的力学特性。最新的研究成果从本构建模的角度将土的力学特性分为基本特性、亚基本特性和关联基本特性三类。通过对这些力学特性的系统研究和分类，我们能够更好地理解和预测土在各种复杂环境条件下的行为，从而提高岩土工程的设计和施工水平，确保工程的长期稳定性和安全性。

土的力学效应主要体现在变形和强度两个方面。变形分析涉及土体在外力作用下的应力–应变关系，这是理解和预测土体变形行为的关键。本构理论描述了这些关系，

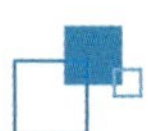

帮助我们从理论上解释土体的力学效应。强度准则用于判断土体在何种条件下会发生破坏，从而指导工程设计中的安全评估。典型的本构模型和强度准则，是土力学效应研究的基本原理和应用方法。

土中应力在工程施工过程中持续变化，且与环境因素间存在相互影响，引发土体变形和力学性质的动态变化。本章将通过总结初等土力学关于应力效应的内容，结合最新的研究成果，深入探讨土的力学效应。通过本章的学习，读者将系统掌握土的力学效应的基本理论和分析方法。本章具有大量公式推导，编者采用了独特的逻辑叙述方式，希望能够协助读者理解和掌握。熟悉以上概念和理论，有助于准确把握土的力学效应，分析土体的变形和稳定性，这是岩土工程师的必备功课，也是本章的主要任务。

2.1 土的应力分析

材料在外荷载作用下产生内力和变形，可用应力和应变来描述。分析材料的变形和强度等力学特性，首要任务是进行应力分析，进而建立应力与应变之间的关系。在土力学的平面问题中，表现为正应力、剪应力与正应变、剪应变的关系；在三维问题中，通常需要建立球应力、偏应力与体应变、剪应变的关系。

2.1.1 应力的概念

应力是外力引起的物体内力的分布集度。假设一个物体受外力的作用，如图 2-1（a）所示。考察物体中的截面 A，其法线向量为 n。在截面上某点取一微小面积元素 ΔS，其上作用的外力引起的内力矢量为 Δp，则应力定义为

$$\sigma = \lim_{\Delta s \to 0} \frac{\Delta p}{\Delta S} \tag{2-1}$$

将应力 σ 沿截面及其法线方向分解，得到正应力分量 σ_n 和剪应力分量 τ_n，以上为任意截面上的应力分析。

为了完整反映一点的应力状态，在该点取一微小的六面体单元，如图 2-1（b）所示。单元体每个面上具有 3 个沿坐标方向的分量，相邻的三个面上共作用有 9 个应力分量：3 个正应力分量（σ_x、σ_y、σ_z）与 6 个剪应力分量（τ_{xy}、τ_{yx}、τ_{yz}、τ_{zy}、τ_{zx}、τ_{xz}）。

应力分量的角标通常有两个：第一个角标表示应力分量的作用面，表明作用位置，如 τ_{xy} 的角标 x，表示该应力分量作用于法线沿 x 轴方向的平面；第二个角标表示应力分量的作用方向，如 τ_{xy} 的角标 y，表示该应力的作用方向与 y 轴平行。剪应力分量的

作用位置与方向不一致，所以有两个角标，正应力分量的作用位置与方向一致，有时简化用一个角标。

通常认为土不能承受拉力，所以土力学中规定正应力以受压为正、受拉为负，这与材料力学和弹性力学中的规定有所区别。相应地，土力学中对剪应力正负的规定为：在法线与坐标轴方向一致的面上，方向与坐标轴正向一致的剪应力符号为负，反之为正。图 2-1（b）中所标识的正应力与剪应力均为正。

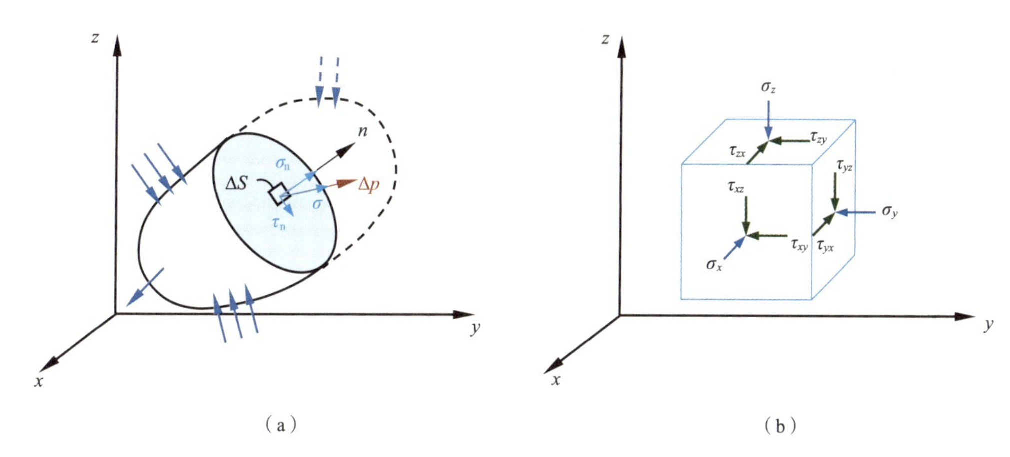

图 2-1　受力材料中应力分析方法

（a）外力引起的应力；（b）一点的应力状态

根据力矩平衡，图 2-1（b）中的剪应力两两相等，即 $\tau_{xy}=\tau_{yx}$，$\tau_{xz}=\tau_{zx}$，$\tau_{zy}=\tau_{yz}$。因此，单元体上的 9 个应力分量中有 6 个是相互独立的。这 6 个应力描述了土中一点的应力状态，可以用张量或应力矩阵的形式表示为

$$\boldsymbol{\sigma}=\sigma_{ij}=\begin{bmatrix}\sigma_{xx} & \sigma_{xy} & \sigma_{xz}\\ \sigma_{yx} & \sigma_{yy} & \sigma_{yz}\\ \sigma_{zx} & \sigma_{zy} & \sigma_{zz}\end{bmatrix}\equiv\begin{bmatrix}\sigma_{x} & \tau_{xy} & \tau_{xz}\\ \tau_{yx} & \sigma_{y} & \tau_{yz}\\ \tau_{zx} & \tau_{zy} & \sigma_{z}\end{bmatrix}\equiv\begin{bmatrix}\sigma_{11} & \sigma_{12} & \sigma_{13}\\ \sigma_{21} & \sigma_{22} & \sigma_{23}\\ \sigma_{31} & \sigma_{32} & \sigma_{33}\end{bmatrix} \tag{2-2}$$

根据不同的需要，可以使用式（2-2）中不同的符号。

2.1.2　平面应力状态

在图 2-1（b）的土单元上，若两个面上作用有应力，而另外一个面上作用的应力为 0，则此时的应力状态称为平面应力状态，如薄板受力问题。平面应力状态的应力分析是为了获得任意截面上的正应力与剪应力，以期建立其与正应变、剪应变的对应关系。

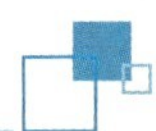

对一个平面应力状态下的物体，如图 2-2（a）所示，任取一个截面，其法线方向与 x 方向夹角为 α，并设其面积为 dA。楔体 ABC 三个面上的受力状态如图 2-2（b）所示，该面上的总应力可以按照斜截面的法线 n 方向与切线 t 方向分解为正应力 σ_α 与剪应力 τ_α。根据几何条件，绘制了楔体 ABC 的受力状态，如图 2-2（c）所示，楔体 ABC 在 $\sigma_\alpha dA$、$\tau_\alpha dA$、$\tau_{xy} dA\cos\alpha$、$\sigma_x dA\cos\alpha$、$\tau_{yx} dA\sin\alpha$、$\sigma_y dA\sin\alpha$ 6 个力的作用下处于平衡状态，分别整理 n 方向与 t 方向上力的平衡方程，有

$$\begin{gathered}\sum F_n = 0: \sigma_\alpha dA - (\tau_{xy} dA\cos\alpha)\sin\alpha - (\sigma_x dA\cos\alpha)\cos\alpha - (\tau_{yx} dA\sin\alpha)\cos\alpha - (\sigma_y dA\sin\alpha)\sin\alpha = 0 \\ \sum F_t = 0: \tau_\alpha dA - (\tau_{xy} dA\cos\alpha)\cos\alpha + (\sigma_x dA\cos\alpha)\sin\alpha + (\tau_{yx} dA\sin\alpha)\sin\alpha - (\sigma_y dA\sin\alpha)\cos\alpha = 0\end{gathered} \tag{2-3}$$

由于 τ_{xy} 与 τ_{yx} 数值相等，化简上式，可得平面应力状态下任意截面（α 截面）的正应力 σ_α 与剪应力 τ_α 分别为

$$\begin{aligned}\sigma_\alpha &= \frac{\sigma_x + \sigma_y}{2} + \left(\frac{\sigma_x - \sigma_y}{2}\right)\cos 2\alpha + \tau_{xy}\sin 2\alpha \\ \tau_\alpha &= \tau_{xy}\cos 2\alpha - \frac{\sigma_x - \sigma_y}{2}\sin 2\alpha\end{aligned} \tag{2-4}$$

上式中消去 2α，得

$$\left(\sigma_\alpha - \frac{\sigma_x + \sigma_y}{2}\right)^2 + \tau_\alpha^2 = \left(\frac{\sigma_x - \sigma_y}{2}\right)^2 + \tau_{xy}^2 \tag{2-5}$$

可以看出，式（2-5）是圆的方程，即随着 α 角度的变化，截面上正应力与剪应力（σ_α，τ_α）在 σ–τ 坐标系中为一个圆，称为莫尔圆，如图 2-3 所示。圆心位于 σ 轴上，圆心横坐标为（$\sigma_x+\sigma_y$）/2，半径为 $\sqrt{(\sigma_x - \sigma_y)^2/4 + \tau_{xy}^2}$。圆上点 A 的坐标（$\sigma_\alpha$，$\tau_\alpha$）反映了 α 截面上的正应力和剪应力。

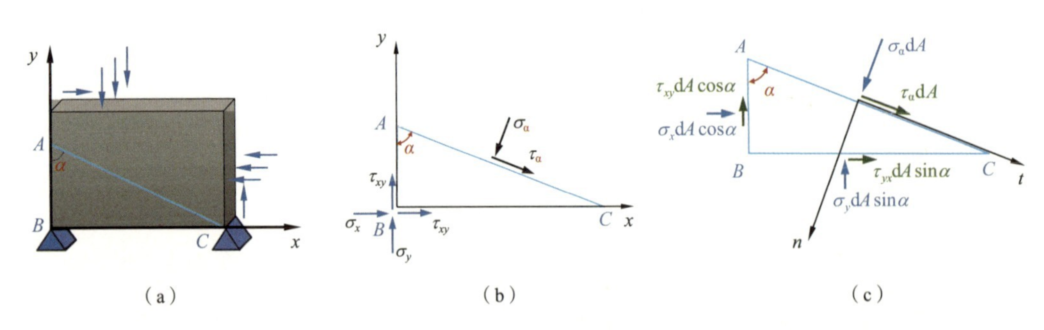

图 2-2 平面应力状态

（a）平面应力状态示意图；（b）楔体 ABC 上的应力；（c）楔体 ABC 的受力状态

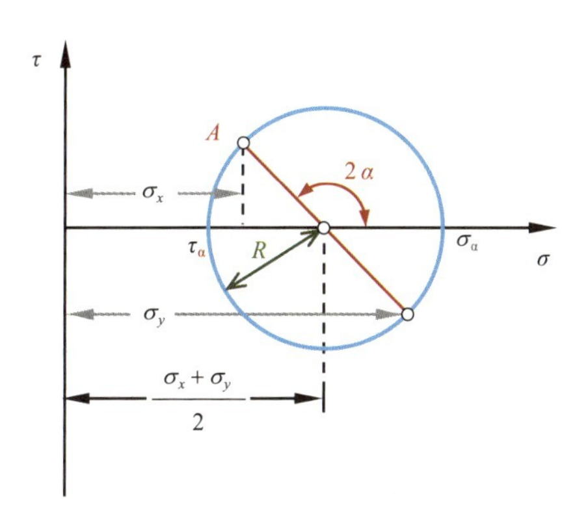

图 2-3　莫尔圆上 A 点对应 α 截面上的应力状态

值得注意的是，莫尔圆与 σ 轴的两个交点处仅有正应力，剪应力为 0，对应的面 α 等于 0° 和 90°，这两个相互垂直的正应力称为主应力，这两个截面称为主平面。

例题 2-1

以 n 方向与 t 方向的力的平衡方程式（2-3），推导莫尔圆的表达式（2-5）。

【解答】

根据相邻面上剪应力互等（$\tau_{xy}=\tau_{yx}$）条件，化简式（2-3），得

$$\sigma_\alpha-2\tau_{xy}\cos\alpha\sin\alpha-\sigma_x\cos^2\alpha-\sigma_y\sin^2\alpha=0$$

$$\tau_\alpha=\tau_{xy}\left(\cos^2\alpha-\sin^2\alpha\right)-\left(\sigma_x-\sigma_y\right)\sin\alpha\cos\alpha$$

利用三角函数公式，上两式可进一步化简

$$\sigma_\alpha=\frac{\sigma_x+\sigma_y}{2}+\left(\frac{\sigma_x-\sigma_y}{2}\right)\cos2\alpha+\tau_{xy}\sin2\alpha$$

$$\tau_\alpha=\tau_{xy}\cos2\alpha-\frac{\sigma_x-\sigma_y}{2}\sin2\alpha$$

联立上两式，将含有 2α 的项移到右边，得

$$\left(\sigma_\alpha-\frac{\sigma_x+\sigma_y}{2}\right)^2+\tau_\alpha^2=\left(\frac{\sigma_x-\sigma_y}{2}\cos2\alpha+\tau_{xy}\sin2\alpha\right)^2+\left(\tau_{xy}\cos2\alpha-\frac{\sigma_x-\sigma_y}{2}\sin2\alpha\right)^2$$

上式可进一步化简，即可得到莫尔圆的表达式

$$\left(\sigma_\alpha-\frac{\sigma_x+\sigma_y}{2}\right)^2+\tau_\alpha^2=\left(\frac{\sigma_x-\sigma_y}{2}\right)^2+\tau_{xy}^2$$

2.1.3 三维应力状态

如 2.1.1 节所述，三维状态下土中一点的应力状态如图 2-1（b）所示。相应地，单元体上的应力状态可以由 6 个独立分量构成的矩阵（式 2-2）形式表示。

与二维应力状态分析方法相似，在三维应力状态的应力分析中，同样取一个截面，得到如图 2-4 所示的四面体单元 *OABC*，现在考察截面 *ABC* 上的应力。四面体单元上，有作用于三个底面的应力分量（如图 2-4 中粉色箭头所示），以及 *ABC* 截面上的作用力 p_v。p_v 沿三个坐标方向的分量分别为 p_{vx}，p_{vy}，p_{vz}。若截面的外法线为 n，令△*ABC* 的面积为 1，则△*OBC*，△*OAC* 与△*OAB* 的面积分别为

$$
\begin{aligned}
1\times\cos(n,x)&=l\\
1\times\cos(n,y)&=m\\
1\times\cos(n,z)&=n
\end{aligned}
\tag{2-6}
$$

称（l，m，n）为截面 *ABC* 的方向余弦。

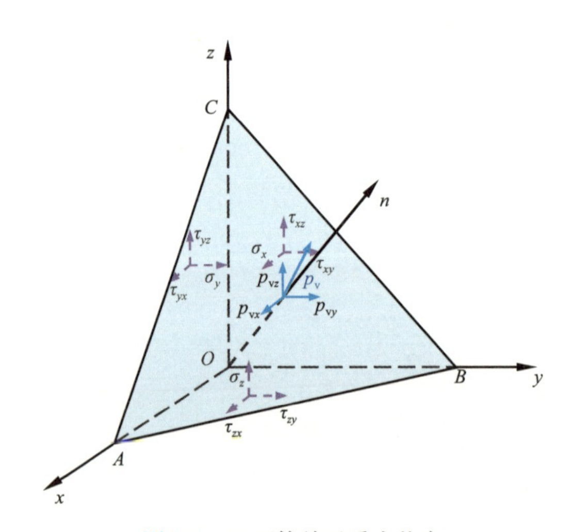

图 2-4　四面体单元受力状态

分别列出 x、y、z 方向上力的平衡方程，整理得

$$
\left.
\begin{aligned}
p_{vx}&=\sigma_x l+\tau_{xy}m+\tau_{xz}n\\
p_{vy}&=\tau_{yx}l+\sigma_y m+\tau_{yz}n\\
p_{vz}&=\tau_{zx}l+\tau_{zy}m+\sigma_z n
\end{aligned}
\right\}
\tag{2-7}
$$

这就是著名的柯西（Cauchy）公式，用应力分量表示出任意截面上的应力分量 p_{vx}、p_{vy}、p_{vz}。通过向量合成即可求得总应力 p_v，进而确定正应力与剪应力。然而，土

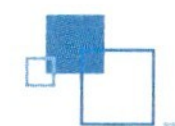

力学求解三维应力问题时，通常考虑体应变和剪应变。上述过程所求解出的某一面上的总应力 p_v、正应力以及剪应力无法直接与体应变和剪应变建立联系。因此，土力学中常用到应力不变量、应力球张量与应力偏张量的概念。

1. 应力不变量

如图 2-4 所示，过土中任一点所作任意方向的单元面上都有正应力和剪应力。与平面应力状态规定相似，如果某单元面上剪应力为零，则此面为主应力面，此面上的正应力称为主应力，其法线方向称为主方向（或称应力主向）。

假设某主平面上主应力为 σ_v，主方向为 v（l，m，n）。σ_v 沿坐标轴 x、y、z 方向的分量分别为 $\sigma_{vx}=\sigma_v l$、$\sigma_{vy}=\sigma_v m$ 和 $\sigma_{vz}=\sigma_v n$。下面分析此面的位置，其上面的应力大小，即主平面法向的方向余弦（l，m，n）以及主应力的大小 σ_v，共计四个未知数。

利用柯西公式同样可以得到 σ_v 的三个坐标分量，这 3 个分量与前述主应力的 3 个分量相等，整理得

$$\left.\begin{aligned}(\sigma_x-\sigma_v)l+\tau_{xy}m+\tau_{xz}n=0\\ \tau_{yx}l+(\sigma_y-\sigma_v)m+\tau_{yz}n=0\\ \tau_{zx}l+\tau_{zy}m+(\sigma_z-\sigma_v)n=0\end{aligned}\right\} \tag{2-8}$$

式（2-8）是关于 l、m、n 的齐次方程组。考虑到 l、m、n 不能同时为零，即方程组有非零解，按照克莱姆法则，方程组的系数行列式为零，即

$$\begin{vmatrix}\sigma_x-\sigma_v & \tau_{xy} & \tau_{xz}\\ \tau_{yx} & \sigma_y-\sigma_v & \tau_{yz}\\ \tau_{zx} & \tau_{zy} & \sigma_z-\sigma_v\end{vmatrix}=0 \tag{2-9}$$

展开上式，得到特征方程

$$\sigma_v^{\ 3}-I_1\sigma_v^{\ 2}+I_2\sigma_v-I_3=0 \tag{2-10}$$

式（2-10）的三个根分别为主应力 σ_1、σ_2 与 σ_3，其数值和方向与坐标系的选取无关。同时，式（2-10）中的三个系数，I_1、I_2、I_3 的数值也与坐标系的选取无关，分别称为第一、第二、第三应力张量不变量，简称应力不变量，分别为

$$\begin{aligned}&I_1=\sigma_x+\sigma_y+\sigma_z\\ &I_2=\sigma_x\sigma_y+\sigma_y\sigma_z+\sigma_z\sigma_x-\tau_{xy}^2-\tau_{yz}^2-\tau_{zx}^2\\ &I_3=\sigma_x\sigma_y\sigma_z+2\tau_{xy}\tau_{yz}\tau_{zx}-\sigma_x\tau_{yz}^2-\sigma_y\tau_{zx}^2-\sigma_z\tau_{xy}^2\end{aligned} \tag{2-11}$$

研究表明，材料的体积变形与第一不变量 I_1 密切相关。有了三个主应力，可以用主应力表示三个应力不变量，其中，$I_1=\sigma_1+\sigma_2+\sigma_3$。

将式（2-10）求解出的三个根 σ_1、σ_2 与 σ_3 分别代入式（2-8），可分别求得三个相互垂直的主方向（l_1，m_1，n_1）、（l_2，m_2，n_2）、（l_3，m_3，n_3）。

2. 应力张量的分解

材料的变形可以从两方面考虑，分别为体积变形与剪切变形。相应地，可将一点的应力分解为两部分，如图 2-5 所示。一部分是各向相等的应力 σ_{ii}，另一部分记作 s_{ij}，即

$$\sigma_{ij}=\sigma_{ii}+s_{ij} \tag{2-12}$$

σ_{ii} 称为球应力张量，s_{ij} 则为偏应力张量，式（2-12）也可以写作

$$\sigma_{ij}=\sigma_0\delta_{ij}+s_{ij}=\begin{bmatrix}\sigma_0 & 0 & 0\\ 0 & \sigma_0 & 0\\ 0 & 0 & \sigma_0\end{bmatrix}+\begin{bmatrix}\sigma_x-\sigma_0 & \tau_{xy} & \tau_{xz}\\ \tau_{yx} & \sigma_y-\sigma_0 & \tau_{yz}\\ \tau_{zx} & \tau_{zy} & \sigma_z-\sigma_0\end{bmatrix} \tag{2-13}$$

式中，$\sigma_0=I_1/3$ 为平均主应力，也称为球应力，或者静水压力，与材料的体积变形有关。

与三维状态下求解应力不变量方法类似，可以得到偏应力张量 s_{ij} 的三个不变量 J_1、J_2、J_3。偏应力张量的第二不变量 J_2 与材料的剪切变形有关。在此不再赘述推导过程，仅给出 J_2 的表达式

$$J_2=\frac{1}{6}\left[(\sigma_1-\sigma_2)^2+(\sigma_2-\sigma_3)^2+(\sigma_1-\sigma_3)^2\right] \tag{2-14}$$

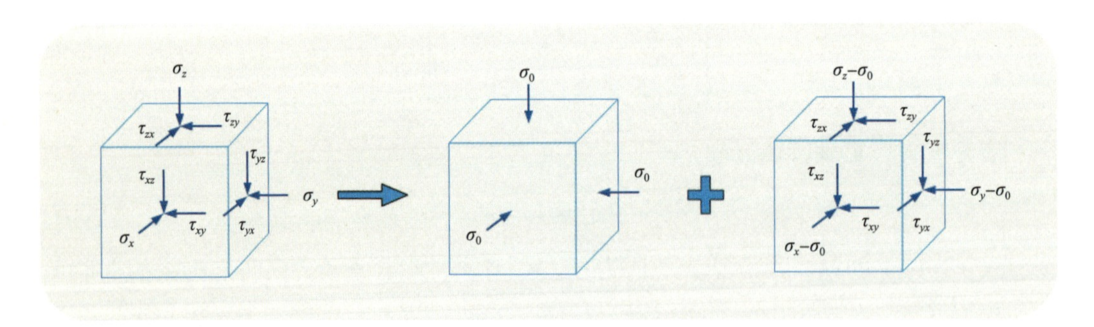

图 2-5 应力张量的分解

3. 八面体应力

通过前面的应力分析，获得了与体积应变和剪切应变相关的 I_1 和 J_2。下面考虑，能否找到一个面，其正应力与剪应力可以用 I_1、J_2 表示？

如果已经得到了三个主应力及主方向，以三个主方向建立坐标系如图 2-6（a）所示，现在考察与三个坐标轴倾角相同的等倾面上的正应力和剪应力。在三维坐标系中，

八个卦限各有一个等倾面，围成一个八面体，如图 2-6（b）所示。因此，等倾面上的应力称为八面体应力。

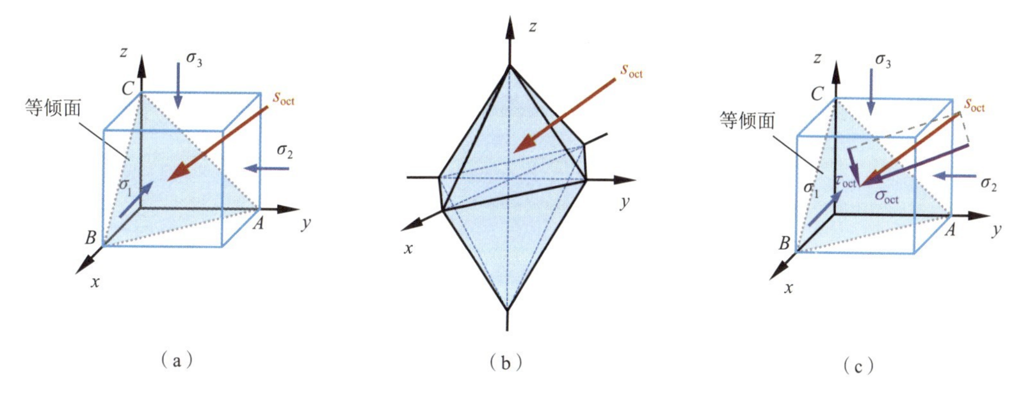

图 2-6　八面体应力状态

（a）主应力空间的一个等倾面；（b）主应力空间的八面体平面；（c）等倾面上的应力分解

在新的坐标系下，单元体的三个相邻平面上只有正应力，剪应力为 0。根据柯西公式，八面体应力 s_{oct} 在三个坐标方向的分量分别为

$$\begin{aligned} s_x &= \sigma_1 l \\ s_y &= \sigma_2 m \\ s_z &= \sigma_3 n \end{aligned} \tag{2-15}$$

由于作用面为等倾面，$l = m = n = \sqrt{3}/3$。根据向量的合成原理，可以得到等倾面上的总应力 s_{oct}

$$s_{oct} = \sqrt{s_x{}^2 + s_y{}^2 + s_z{}^2} = \sqrt{\frac{1}{3}\left(\sigma_1{}^2 + \sigma_2{}^2 + \sigma_3{}^2\right)} \tag{2-16}$$

式（2-15）中的三个应力分量分别乘其所对应的方向余弦，即投影到等倾面的法线方向，相加即得到八面体正应力

$$\sigma_{oct} = s_x l + s_y m + s_z n = \frac{1}{3}(\sigma_1 + \sigma_2 + \sigma_3) = \frac{1}{3} I_1 \tag{2-17}$$

如图 2-6（c）所示，利用八面体总应力 s_{oct} 与正应力 σ_{oct}，进而可以得到等倾面上的剪应力 τ_{oct}

$$\tau_{oct} = \sqrt{s_{oct}^2 - \sigma_{oct}^2} = \frac{1}{3}\sqrt{(\sigma_1 - \sigma_2)^2 + (\sigma_2 - \sigma_3)^2 + (\sigma_1 - \sigma_3)^2} = \sqrt{\frac{2}{3} J_2} \tag{2-18}$$

在岩土工程学科常用到平均主应力 p 与广义剪应力 q，分别定义为

$$p=\frac{1}{3}(\sigma_1+\sigma_2+\sigma_3)=\sigma_{oct}=\frac{1}{3}I_1$$
$$q=\frac{1}{\sqrt{2}}\sqrt{(\sigma_1-\sigma_2)^2+(\sigma_2-\sigma_3)^2+(\sigma_1-\sigma_3)^2}=\frac{3}{\sqrt{2}}\tau_{oct}=\sqrt{3J_2} \tag{2-19}$$

到目前为止，已经将一点的应力状态方便地表示出来，为建立它们与变形的关系奠定了基础。如果若干个应力状态都对应于相同的变形特性，比如屈服或者破坏，如何将它们表征出来？这就需要在应力空间中考察。

例题 2-2

已知某试样的三个主应力分别为 σ_1=800kPa、σ_2=500kPa 与 σ_3=200kPa，试计算：(1) I_1、J_2；(2) p、q；(3) σ_{oct}、τ_{oct}。

【解答】

（1）由式（2-11），得

$$I_1=\sigma_1+\sigma_2+\sigma_3$$
$$=(800+500+200)=1.5\times10^3\text{kPa}$$

由式（2-14），得

$$J_2=\frac{1}{6}\left[(\sigma_1-\sigma_2)^2+(\sigma_2-\sigma_3)^2+(\sigma_1-\sigma_3)^2\right]$$
$$=\frac{1}{6}\left[(800-500)^2+(500-200)^2+(800-200)^2\right]=9\times10^4$$

（2）由式（2-19），得

$$p=\frac{1}{3}(\sigma_1+\sigma_2+\sigma_3)=\frac{1}{3}(800+500+200)=500\text{kPa}$$
$$q=\frac{1}{\sqrt{2}}\sqrt{(\sigma_1-\sigma_2)^2+(\sigma_2-\sigma_3)^2+(\sigma_1-\sigma_3)^2}$$
$$=\frac{1}{\sqrt{2}}\sqrt{(800-500)^2+(500-200)^2+(800-200)^2}\approx519.6\text{ kPa}$$

（3）由式（2-17）与式（2-18），得

$$\sigma_{oct}=\frac{1}{3}(\sigma_1+\sigma_2+\sigma_3)=\frac{1}{3}(800+500+200)=500\text{kPa}$$
$$\tau_{oct}=\frac{1}{3}\sqrt{(\sigma_1-\sigma_2)^2+(\sigma_2-\sigma_3)^2+(\sigma_1-\sigma_3)^2}$$
$$=\frac{1}{3}\sqrt{(800-500)^2+(500-200)^2+(800-200)^2}\approx244.9\text{kPa}$$

注意，J_2 的量纲是应力的平方，其他均为应力的量纲。

2.1.4　应力空间

应力空间是以三个主应力为坐标数值得到的数学空间，也叫主应力空间，空间中每一点都代表一个应力状态。在应力空间中，与空间对角线垂直的平面称为偏平面，这种偏平面有无数个，通过空间原点的偏平面称为π平面。使材料具有相同形变特性的一系列应力状态点组成一个面，比如满足极限平衡的应力状态点构成破坏面，满足一定塑性变形特性的应力状态点组成屈服面。对于均质、各向同性的材料来说，屈服面和破坏面往往是对称的，如图2-7所示，考察它们需要一个观察角度，最佳角度是从空间对角线看过去，看到的即为偏平面上的轨迹。

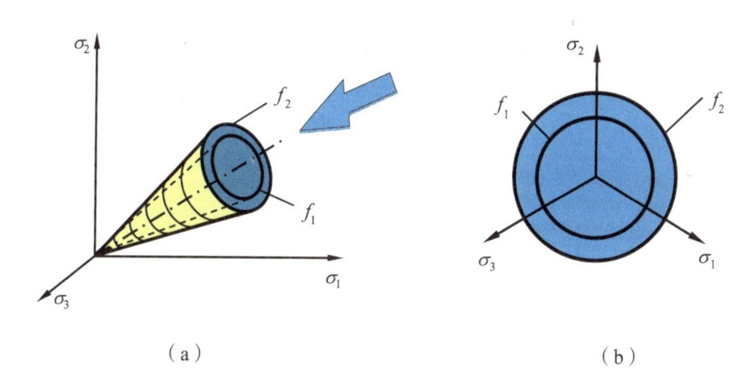

图2-7　破坏面在主应力空间与对应的偏平面上的轨迹

（a）主应力空间的破坏面；（b）偏平面上的破坏应力轨迹

偏平面上一点的 P（σ_1，σ_2，σ_3），如图2-8所示。由 P 点向三个坐标轴投影，得到 $p_1=\sigma_1$、$p_2=\sigma_2$、$p_3=\sigma_3$，向量 OP 可根据坐标求得。由上述可知，空间对角线与三个应力坐标轴的夹角均为54° 44′，将这三个坐标分别乘其对应的方向余弦投影到 ON 方向相加得到 OQ，即坐标原点到某一偏平面的距离

$$|OQ|=\frac{1}{\sqrt{3}}(\sigma_1+\sigma_2+\sigma_3)=\frac{\sqrt{3}}{3}I_1=\sqrt{3}\sigma_0 \tag{2-20}$$

可见，同一偏平面上的点具有相同的球应力，有了 OP 和 OQ，可根据向量分解求得 PQ。

对于金属材料，在一定应力范围内其变形和破坏与球应力无关，只需考察考虑空间原点的偏平面即π平面上的偏应力。对于土来说，球应力对变形和破坏具有显著影响，即需要考察不同偏平面上各点的球应力和偏应力。为了叙述方便，以下将所有垂直于空间对角线的平面统称π平面。根据上述分析，π平面上一点到原点和到空间对角线

的距离分别为

$$
\begin{aligned}
&|OQ| = \frac{\sqrt{3}}{3} I_1 = \sigma_\pi \\
&|PQ| = \frac{\sqrt{3}}{3} \sqrt{(\sigma_1 - \sigma_2)^2 + (\sigma_2 - \sigma_3)^2 + (\sigma_3 - \sigma_1)^2} = \sqrt{2J_2} = \tau_\pi
\end{aligned}
\tag{2-21}
$$

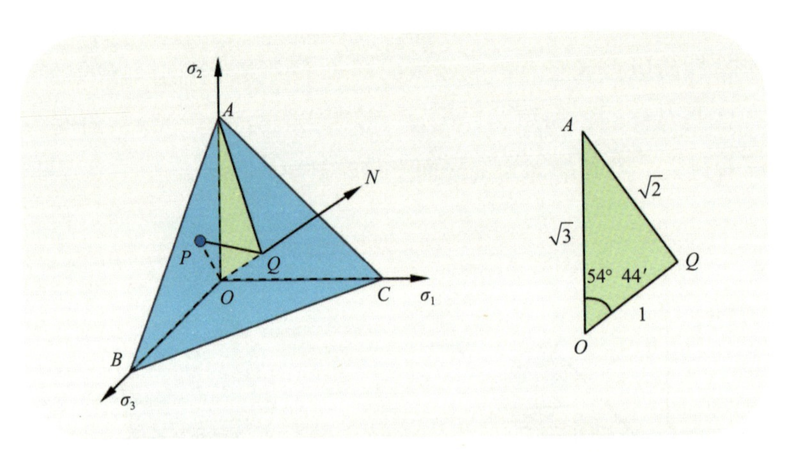

图 2-8　应力空间中偏平面上的应力表示

值得注意的是，（σ_π，τ_π）不是某一物理平面上的正应力和剪应力，而是 OP 向量分解得到的两个量，刚好可以用 I_1 和 J_2 表征，并分别与八面体正应力和剪应力成倍数关系，所以称为 π 平面应力。

然而，仅有（σ_π，τ_π）并不能完整地表示出一点的应力状态。比如，以 Q 为圆心，QP 为半径在某一 π 平面上画一个圆，圆上任一点的半径和到原点的距离都相等，但是它们毫无疑问具有不同的坐标，代表不同应力状态。因此，还需在 π 平面上为 P 点定位，这就要用到应力罗德角。

如图 2-9 所示，将应力空间的坐标轴投影到 π 平面。取 y 轴方向与 σ_2 轴在 π 平面上投影 2′ 一致，建立 $O'xy$ 坐标系。定义矢量 $O'P$ 与 x 轴夹角为应力罗德角 θ_σ，x 轴起逆时针为正。矢量 $O'P$ 在坐标轴 1′ 上的投影长度为$\sqrt{2/3}\ \sigma_1$，在 2′ 上的投影长度为$\sqrt{2/3}\ \sigma_2$，在 3′ 上的投影长度为$\sqrt{2/3}\ \sigma_3$。

根据几何关系，$O'P$ 在 x、y 轴上的投影分别为

$$
\begin{aligned}
&x = \sqrt{2/3}\sigma_1 \cos 30^\circ - \sqrt{2/3}\sigma_3 \cos 30^\circ \\
&y = \sqrt{2/3}\sigma_2 + \frac{1}{2}\left(-\sqrt{2/3}\sigma_1 - \sqrt{2/3}\sigma_3\right) = \frac{1}{\sqrt{6}}\left(2\sqrt{2/3}\sigma_2 - \sqrt{2/3}\sigma_1 - \sqrt{2/3}\sigma_3\right)
\end{aligned}
\tag{2-22}
$$

可以得到应力罗德角的正切

$$\tan\theta_{\sigma}=\frac{y}{x}=\frac{2\sigma_2-\sigma_1-\sigma_3}{\sqrt{3}(\sigma_1-\sigma_3)}=\frac{1}{\sqrt{3}}\mu_{\sigma} \tag{2-23}$$

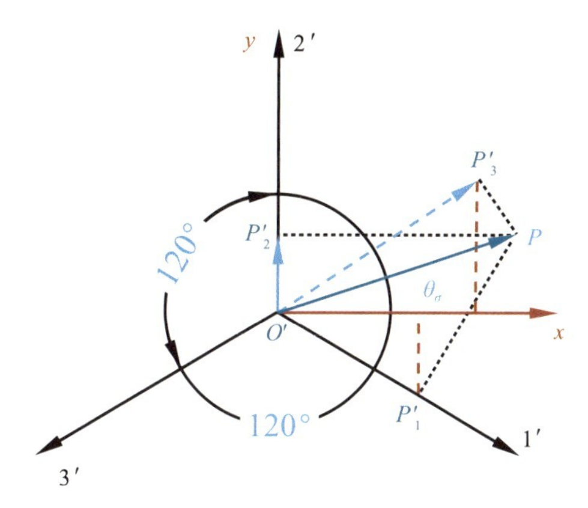

图 2-9　应力罗德角

综上所述，得到如下关系

$$\begin{cases}\sigma_{\pi}=|OQ|=\dfrac{\sqrt{3}}{3}(\sigma_1+\sigma_2+\sigma_3)=\sqrt{3}\sigma_{oct}=\sqrt{3}\sigma_0=\sqrt{3}p\\ \tau_{\pi}=|PQ|=\dfrac{\sqrt{3}}{3}\sqrt{(\sigma_1-\sigma_2)^2+(\sigma_2-\sigma_3)^2+(\sigma_3-\sigma_1)^2}=\sqrt{3}\tau_{oct}=\sqrt{2J_2}=\sqrt{\dfrac{2}{3}}q\\ \tan\theta_{\sigma}=\dfrac{2\sigma_2-\sigma_1-\sigma_3}{\sqrt{3}(\sigma_1-\sigma_3)}=\dfrac{\mu_{\sigma}}{\sqrt{3}}\end{cases} \tag{2-24}$$

根据共轴原则，p 与体应变（代表体积变形），q 与剪应变（代表剪切变形）共轴。可见，若有一组 p、q 的具体数值，就可以建立该应力状态下应力与体应变、剪应变的关系。

例题 2-3

在下列两种应力状态下，分别试求三个主应力 σ_1、σ_2 与 σ_3。（1）p=100kPa，q=120kPa，θ_{σ}=0°；（2）p=100kPa，q=73kPa，θ_{σ}=15°。

【解答】

将已知条件代入式（2-24），即可求解。

（1）三个主应力分别为

$$\sigma_1\approx169.3\text{kPa}$$
$$\sigma_2\approx100\text{kPa}$$
$$\sigma_3\approx30.7\text{kPa}$$

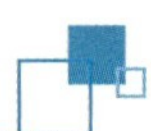

（2）三个主应力分别为

$$\sigma_1 \approx 134.3\text{kPa}$$
$$\sigma_2 \approx 112.2\text{kPa}$$
$$\sigma_3 \approx 53.0\text{kPa}$$

2.2 有效应力原理

土力学家太沙基于 1923 年提出有效应力原理，认为土中的有效应力等于土受到的总应力减去孔隙水压力，土的变形和强度主要取决于有效应力。有效应力原理可以很好地解释土的力学特性变化规律以及地基固结等工程问题，因而获得了广泛认可和应用，被称作“现代土力学的拱心石”。有效应力的物理含义、适用范围和数学推导方法仍然存在争议，因此准确把握有效应力原理的适用性，有助于合理分析土的力学效应，有效地解决工程问题。本节将讲述太沙基有效应力原理及其提出过程，分析有效应力原理的适用性。

2.2.1 有效应力原理的提出

太沙基开展了如图 2-10 所示的试验，在容器底部有很薄的无黏性土层，初始状态下自由水面与土面一致，忽略水平截面 ab 以上水和土的自重应力。假使水位上升至较原来水位高出 h_w 的高程处，ab 截面上的法向应力增加的量为

$$\Delta\sigma = h_w \gamma_w \tag{2-25}$$

式中，h_w 表示水头高度；γ_w 表示水的重度。

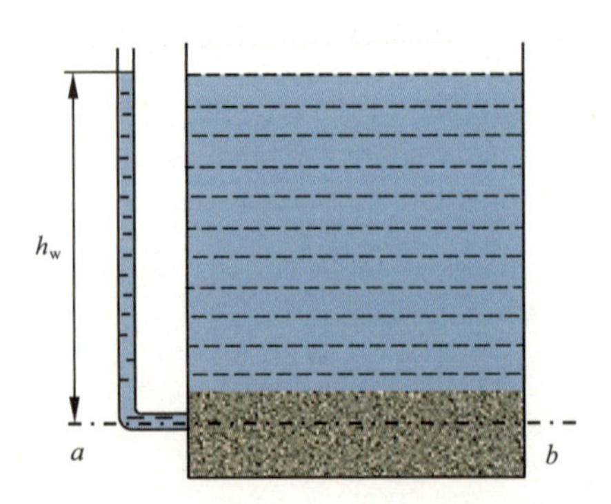

图 2-10 验证有效应力原理的试验装置

试验表明，在土层内每一水平截面上都增加了一定的孔隙水压应力，却并没有引起土层明显的压缩。但是，如果将铅块放在土层表面上，增加同样的压应力 $\Delta\sigma$，则会产生明显的压缩变形。此外，容器中水位的高低也不会对土体的抗剪强度产生影响，而施加与水相同重力的固体荷载会导致土体抗剪强度显著增加。

太沙基据此解释为，饱和土中的应力由力学效应完全不同的两部分组成。一部分为中和应力（Neutral stress），饱和土的中和应力在数值上为正，即为孔隙水压力。孔隙水压力不产生明显的压缩量，也不产生明显的抗剪强度增量，其增加对土的力学行为不起直接作用。另一部分则会引起土骨架之间的相互作用力的变化，是影响土力学行为的有效部分，称为有效应力。1923 年，太沙基首次提出饱和土的有效应力表达式：

$$\sigma' = \sigma - u_{\mathrm{w}} \tag{2-26}$$

式中，σ 为总应力，代表了整个土体所承担的应力总和；u_{w} 为孔隙水压力，代表了土中孔隙水所承担的应力；σ' 为有效应力，代表了土骨架所承担的应力。

随着土工试验仪器的改进与发展，太沙基开展了一系列饱和土的抗剪强度和变形试验，充分验证了有效应力原理表达式的合理性。在 1936 年，太沙基对有效应力原理作了完整的阐述：在土体剖面上，任何一点的应力可根据作用在这点上的总主应力 σ_1、σ_2 和 σ_3 来计算。如果土中的孔隙被水充满，孔隙水的应力为 u，那么总主应力由两部分组成。一部分是 u，以各方向相等的强度作用于水和固体，这一部分称作中和应力；另一部分为总应力 σ 和中和应力 u 之差，即 $\sigma_1'=\sigma_1-u$，$\sigma_2'=\sigma_2-u$，$\sigma_3'=\sigma_3-u$，它只在土的固相中发生作用，总主应力中的这一部分称为有效应力。改变中和应力 u 实际上并不产生体积变化，u 与所在应力条件下土体的破坏无关。u 对多孔材料（如砂、黏土和混凝土）压缩作用可以忽略，对强度也没有显著影响。改变应力所能测得的结果，诸如压缩变形和剪切阻力的变化，仅仅是由有效应力 σ_1'、σ_2' 和 σ_3' 的变化引起的。根据太沙基的阐述，可以将有效应力原理归纳为两条核心内容。

（1）有效应力是总应力与孔隙水压力的差值。孔隙水压力在每个方向上以相同的大小作用在水和固相中，而有效应力仅作用在固相。

（2）孔隙水压力的变化对体积应变和抗剪强度的影响可以忽略，有效应力的变化则会产生可观测到的变形和抗剪强度的变化。

以上分析表明，有效应力是影响土力学行为最直接的量，在考虑土的力学效应时，需要重视土中的有效应力。

2.2.2 有效应力原理适用性

伴随着有效应力原理的提出，涌现出许多讨论，主要表现在两个方面。

1. 数学表达式的合理性

土颗粒间的接触关系非常复杂，不同学者对式（2-26）在数学表达式上的合理性展开了长期研究。现有土力学论著中有三种土颗粒间接触面的切面画法，第一种是切割部分颗粒平截面，如图 2-11（a）所示；第二种是只通过颗粒接触点而不切割颗粒平截面，如图 2-11（b）所示；第三种是沿颗粒接触点的波浪状曲面，如图 2-11（c）所示。很多学者选取不同平面推导证明有效应力原理表达式在数学上的合理性，目前对此基本达成共识。

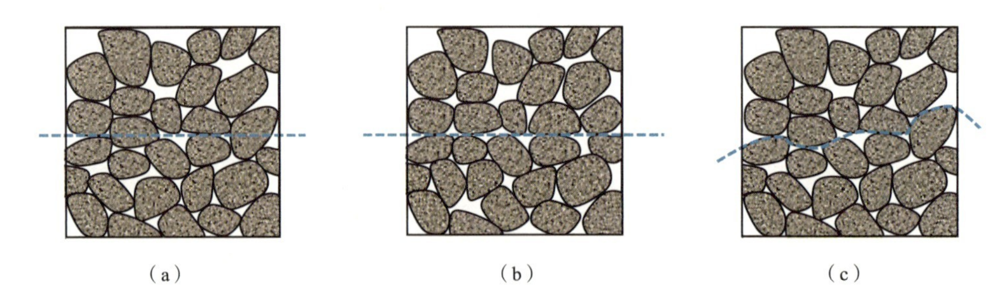

图 2-11 有效应力分析的切面方法

（a）穿过颗粒的平面；（b）不穿过颗粒的平面；（c）不穿过颗粒内部曲面

2. 对不同材料的适用性

有效应力原理在多孔介质材料中的适用性是长期讨论的重点，其中主要涉及两个问题。一是材料中水连通的程度，二是孔隙水压力的准确测量。对于水连通的砂土来说，孔隙水压力的测量相对容易且准确，有效应力的适用性没有太多异议；对于水不连通的岩石材料，由于同一截面上不同位置的孔隙水压力可能不同，用有效应力原理描述存在困难；尽管一般黏性土可以近似看作均质水连通材料，由于土的物质构成非常复杂，加上微观尺度的颗粒间电化学作用，无论单元试验、模型试验还是现场试验，都很难实时获得准确的孔隙水压力，有效应力原理的应用面临挑战。

近几十年来，在寒区岩土工程中，有效应力原理被频繁地用于科学研究和工程实践，其理论依据除前述饱和土的有效应力原理外，还有如下两个理论。

一是毕肖普（Bishop）的非饱和土有效应力表达式，即

$$\sigma' = \sigma - u_a + \chi(u_a - u_w) \tag{2-27}$$

式中，u_a 表示孔隙气体压力；$(\sigma-u_a)$ 表示净应力；(u_a-u_w) 表示基质吸力；χ 表示有效应力系数。

二是表征冰水相变及其应力变化的克拉伯龙（Clapeyron）方程，即

$$\frac{p_1}{\rho_1}-\frac{p_i}{\rho_i}=L\ln\frac{T}{T_0} \tag{2-28}$$

式中，L 为相变潜热（见第3章）；T_0 为参考温度；T 为温度；ρ_1 为水的密度；ρ_i 为冰的密度；p_1 为水压力；p_i 为冰压力。

许多寒区岩土工程研究者利用融土中的有效应力框架，通过克拉伯龙方程引入孔隙冰压力、饱和度、低温吸力等新的变量，建立了不同的表达式。然而，无论是从数学表达式上，还是有效应力在土骨架和冰之间的分配关系上，都没有形成共识。基于这种现状，本书作者提出，可以采用总应力进行分析，充分运用学科交叉的优势，多角度挖掘不同参数的影响规律，揭示其相互作用关系，以期建立具有明确物理意义的冻土强度与变形预测模型，推动寒区岩土工程的发展。

2.2.3　土中的有效自重应力

土中自重应力是指由土体自身重力作用而引起的应力，对于成土年代长久的土体，土体在自重应力作用下已经完成固结，所以土中的上覆有效自重应力就是其当前的有效应力。对于新近沉积的土层来说，下部土层尚未完成固结，上部土层对其施加的应力上有一部分未转化成有效应力，而是以超静孔隙水压力的形式存在，此时土的有效应力与上覆有效自重应力有所区别。因此，当地下水位发生下降、土层为新近沉积或地面有大面积人工填土时，土中的有效应力会增大，这时应考虑土体的变形。

以上概念均按照有效应力原理的基本框架，从定性的角度分析给出。然而，在实际工程中要复杂得多。黏性土层的自重应力计算就是一个典型的例子，涉及有效应力原理的适用性问题。

当土层中有地下水位存在时，水位以下土的自重应力，应根据土的性质和孔隙水的赋存状态，确定是否需考虑水对颗粒的浮力，分别采用“水土分算”“水土合算”两种方法。

1. 水土分算

对于地下水位以下的饱和土层，分别计算水压力和土的有效自重应力，两者之和为总自重应力，这种方法称为水土分算。计算水压力时按全水头的水压力考虑，计算土有效应力时用土的有效重度。这一方法适用于渗透性较好的粗粒土或液性指数 $I_L \geqslant 1$ 的细粒土，根据

$$I_L = \frac{w - w_P}{w_L - w_P} \tag{2-29}$$

一种饱和黏性土，$I_L \geqslant 1$ 说明其含水率大于液限，即土中有自由水存在，可以按照水土分算。然而，工程实践表明，按水土分算方法，对于大多数土层来说，得到的水压力都偏大。也就是说，根据土层中地下水的深度计算得到的孔隙水压力大于实测的数值。

2. 水土合算

根据式（2-29），对于一种饱和黏性土，如果 $I_L < 0$，说明其含水率小于塑限，这种土非常致密，土孔隙中的水以结合水为主，几乎不存在自由水，不形成水压力，也不对固体颗粒产生浮力。这种情况下，土颗粒与其孔隙中的结合水可以看成一个整体，用土的饱和重度计算土体的自重应力。很显然，这一方法在理论上讲，仅适用于渗透系数为零的不透水层。然而，完全不透水的土层几乎是不存在的，因此水土合算仍然是岩土工程界的一个争论问题。

需要说明的是，对于一种饱和黏性土，若其液性指数 I_L 介于 0 ~ 1，说明其含水率在塑限与液限之间。此时，计算其土中的有效自重应力应以工程安全考虑。

以上分析表明，在考虑土的力学效应时，需注意有效应力原理在土力学中的适用性。

2.3 土的力学特性分析

第 1 章中曾述及，土力学的发展历程中，三个范式都还不够完善，其中一个重要的原因是土的力学特性非常复杂，长期以来业界并没有科学的认识。直到 2011 年，姚仰平等人从土应力 – 应变本构建模的角度，将众多力学特性划分为三类，得到岩土工程界的广为认可。

2.3.1 基本特性

土在应力作用下表现出压硬性、剪胀性和摩擦性，这是土区别于其他材料典型的本质特性，称为基本特性。土的基本特性直接控制土的应力应变关系，是建立本构模型时必须考虑的材料性质，缺一不能称之为土的本构模型。

1. 压硬性

土在围压作用下产生压缩，围压越大，压缩变形越大，密度越大，同时土的模量也越大，表现出越压越硬的特性，称之为压硬性。土力学中，常用等向压缩试验来说明，其试验结果如图 2-12 所示。土经历等向压缩，孔隙比 e 随平均主应力 p 的增大而减小。

在试验曲线上，随 p 的增大，相同的应力增量 Δp 所引起的孔隙比变化量 Δe 在变小。土的孔隙比变化量 Δe 的变化趋势与应变变化量 $\Delta\varepsilon$ 的变化趋势相同，由土的压缩模量 E_s 的定义式（式 2-30）可知，土的压缩模量 E_s 随着等向应力 p 的增大而增大，这就是土压硬性的物理表现。该部分内容也会在后续的应力历史对压缩性的影响部分中再次提及。

$$E_s = \frac{\Delta p}{\Delta\varepsilon} \tag{2-30}$$

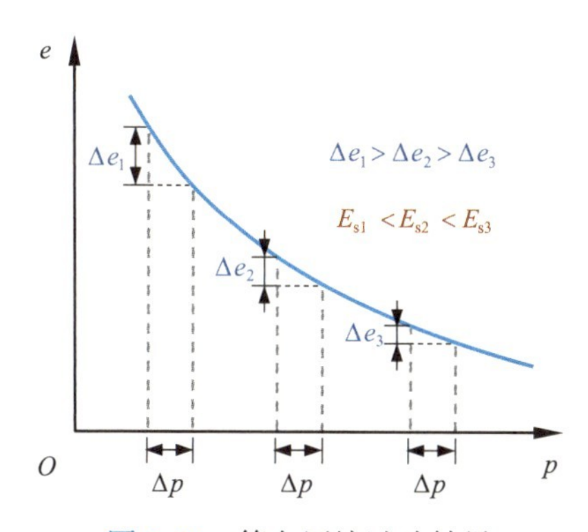

图 2-12　等向压缩试验结果

2. 剪胀性

金属材料中，剪应力只引起剪应变，不会导致体积变化。土在剪切过程中，剪应力除产生剪应变外，还引起体积应变 ε_v，称为土的剪胀性。剪胀性所揭示的更深层次机理是剪切过程中平均主应力 p 与广义剪应力 q 在产生应变上的耦合作用。图 2-13 展示了重塑黏土剪切过程中的应力比－塑性应变增量关系示意图，据此可以得到土的剪胀方程，这部分知识会在后续土的弹塑性本构理论中提及。

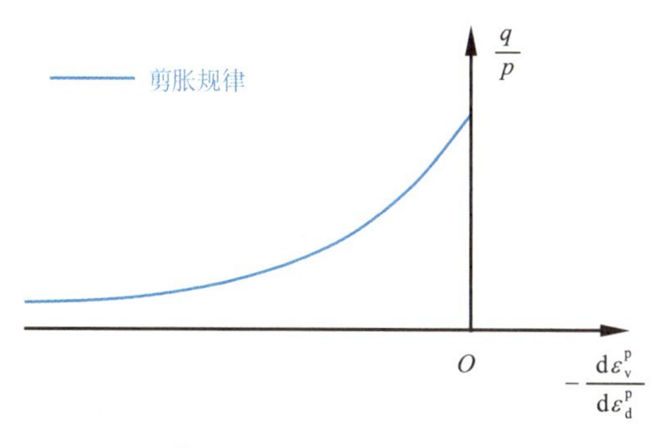

图 2-13　典型的应力比－塑性应变增量关系

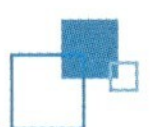

3. 摩擦性

土是一种碎散性材料，在剪应力作用下颗粒之间发生相互错动，具有摩擦性。摩擦性在土的强度准则中有最为直观的反映。图 2-14 显示了应力空间内不同强度准则的破坏面。图 2-14（a）显示了广义米塞斯强度准则在主应力空间的破坏面，图 2-14（b）显示了莫尔 - 库仑强度准则在主应力空间的破坏面，可以看出，随着静水压力的增大，破坏面在 π 平面上的投影面积越来越大。

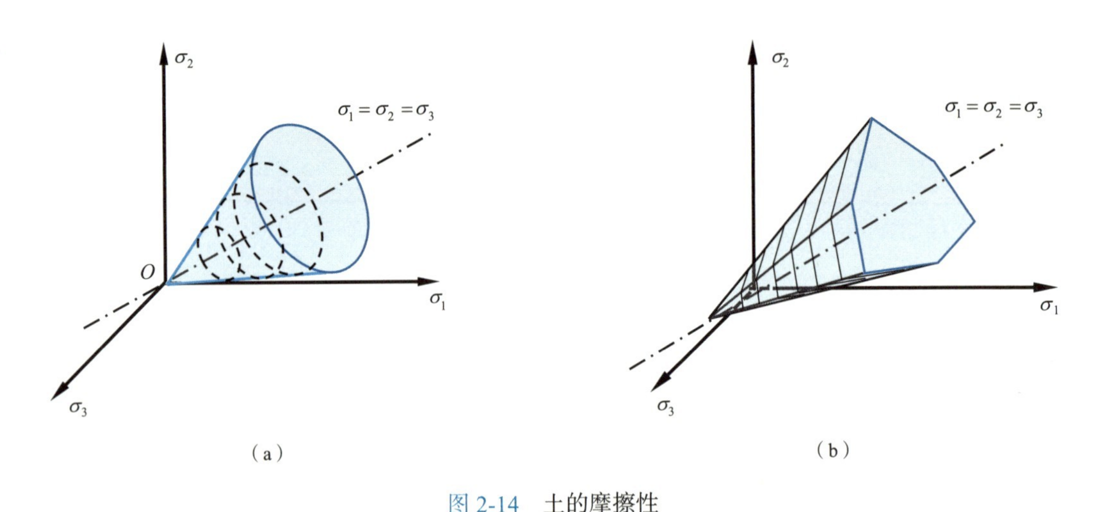

图 2-14　土的摩擦性

（a）广义米塞斯强度准则；（b）莫尔 - 库仑强度准则

2.3.2　亚基本特性

土的亚基本特性是指除基本特性外在特定条件下对土的力学特性有显著影响的性质，包括应力水平依存性、应力历史依存性、应力路径依存性、各向异性、颗粒破碎性、蠕变特性等。亚基本特性通过影响基本特性的发展演化规律，作用于土的力学特性。

1. 应力水平依存性

应力水平定义为土的当前应力与强度的比值，表征着土体应力接近强度值的程度。当应力愈接近强度时，应力水平愈高，土的剪切变形发展愈快。这一特性在实际工程中得到重视，比如《建筑地基基础设计规范》GB 50007—2011 对地基沉降变形计算中规定，修正系数 Ψ 的取值就反映了应力水平对土的压缩变形的影响，具体取值建议如表 2-1 所示。

可见，修正系数 Ψ 除与土的软硬程度（E_s）有关外，还与基底下土的应力水平有关，此时的应力水平表征基底压力 p_0 与地基承载力特征值 f_{ak} 的大小关系。对土单元来说，其破坏以剪切破坏为主，应力水平主要是指偏应力作用的水平。

沉降修正系数 Ψ　　表 2-1

基底附加应力	E_s（MPa）				
	2.5	4.0	7.0	15.0	20.0
$p_0 > f_{ak}$	1.4	1.3	1.0	0.4	0.2
$p_0 \leqslant 0.75 f_{ak}$	1.1	1.0	0.7	0.4	0.2

2. 应力历史依存性

应力历史依存性是指当前加载状态下土的力学行为受应力历史的影响。初等土力学中曾经讲述过，黏性土在先期固结压力前后，应力 – 应变曲线的斜率不同，就是最直接的证据。应力历史既包括天然土在历史上经历的固结作用，也包含土在实验室或工程施工、运行受到应力的过程，对于黏性土一般指其固结历史。土在历史上受到的最大有效固结应力，称作先期固结应力 p_c。由图 2-15 可知，土体受到的压力 p 到达 p_c 之前与跨越 p_c 之后，这两个阶段的应力应变曲线不同，即其力学行为不同。因此，有必要考察当前的应力与历史上最大应力之间的对比关系，以确定土当前处于什么状态，土力学中用超固结比 OCR（Over-consolidation ratio）来考察，OCR 定义为

$$\mathrm{OCR} = \frac{p_c}{p_0} \tag{2-31}$$

式中，p_0 为当前有效压力。

当 $p_c = p_0$，OCR=1 时，这种土称为正常固结土，当 $p_c > p_0$，OCR > 1 时，这种土称为超固结土。

应力历史对土的力学行为有极为显著的影响，图 2-16 为通过常规三轴压缩试验获得的正常固结土与超固结土的典型剪应力 q 与剪应变 ε_d 关系、体应变 ε_v 与剪应变 ε_d 关系。可以发现，正常固结土通常表现为应变硬化与剪缩，超固结土通常表现为应变软化与剪胀。这就充分表明，土的力学特性具有应力历史依存性。

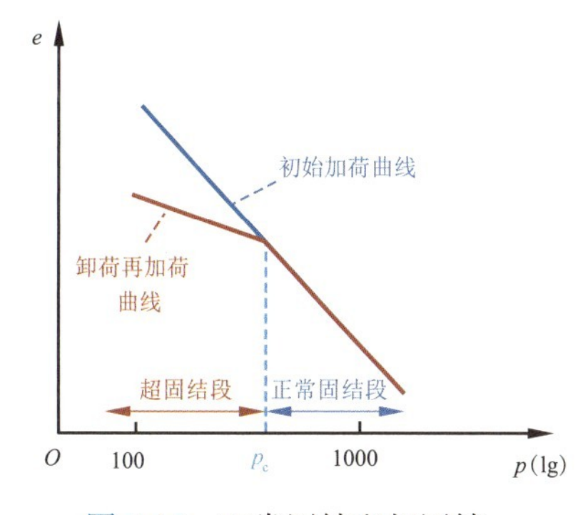

图 2-15　正常固结和超固结

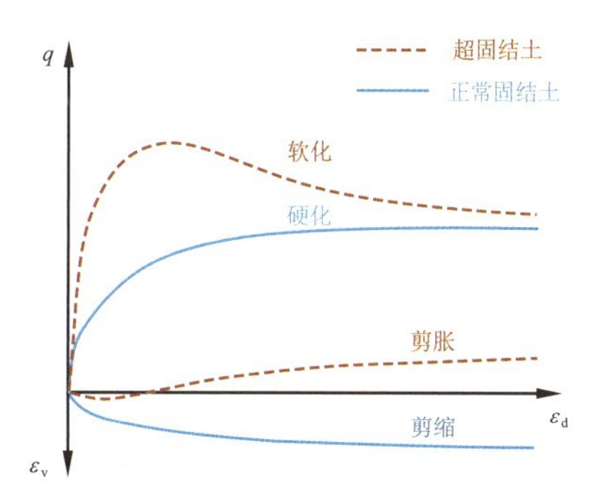

图 2-16　典型剪应力 – 剪应变关系、体应变 – 剪应变关系

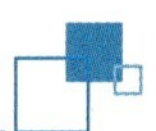

3. 应力路径依存性

应力路径是指土在受力过程中某一点的应力在应力空间中的发展轨迹。土的应力路径依存性是指其应变发展受加载路径的影响。土经过如图 2-17（a）所示的不同应力路径（如 *ADEF*、*AF*、*ABEF* 与 *ACF*），加载过程中塑性体积应变 ε_v^p 与塑性广义剪应变 ε_d^p 发展的试验结果如图 2-17（b）、图 2-17（c）所示。试验结果表明，尽管初始和最终应力状态相同，但土的塑性体积应变和塑性广义剪应变的发展规律随加载路径有显著不同。

应变的加载应力路径相关性是土的三个基本特性，即压硬性、剪胀性与摩擦性的相互影响与综合作用的结果。例如对于广义剪应变 ε_d 的发展，土的摩擦性有着极为重要的影响。土单元内部的正应力 p 阻碍土颗粒间相互滑移错动，抑制广义剪应变 ε_d 的发展；而广义剪应力 q 的作用却促进土颗粒间错动，促使广义剪应变 ε_d 发展。二者耦合作用，共同影响广义剪应变 ε_d 的加载应力路径相关性。

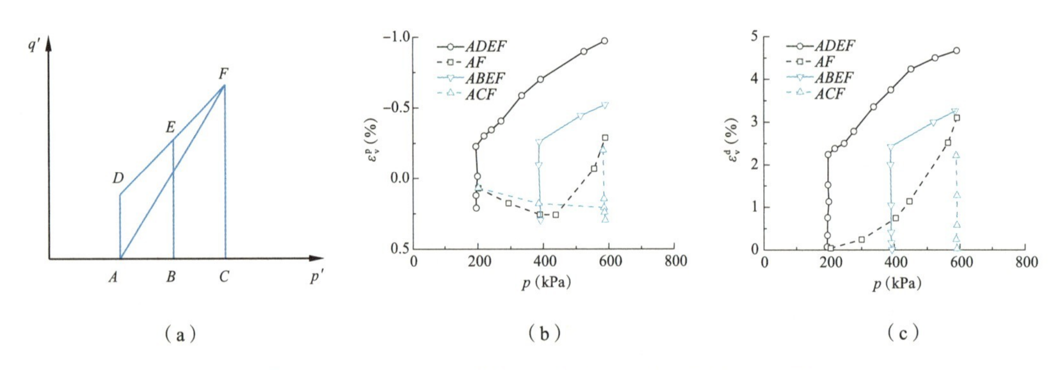

图 2-17 Toyoura 砂不同应力路径下应变发展试验结果

（a）应力路径；（b）ε_v^p 的发展结果；（c）ε_d^p 的发展结果

在三轴试验中，典型应力路径有 K_0 路径、等向压缩、常规三轴压缩、常规三轴伸长、等 p 三轴压缩、减压三轴压缩等，如图 2-18 所示。这些应力路径一般采用土的变形行为或应力施加的方式来命名，通过控制三轴试验中的围压与轴压，可以实现不同的应力路径。例如，通过控制土在加载过程中侧向不发生变形，土在此受荷过程中，应力的发展轨迹沿着 K_0 线变化，这种应力路径为 K_0 路径；通过在加荷过程中控制平均主应力 p 值恒定，土在此受荷过程中的应力路径即为等 p 三轴压缩路径。

土在不同工程中的应力路径存在明显差异。例如，在建筑物修建过程中，建筑物仅对地基土产生竖向附加荷载，地基土在侧限条件下的应力路径为 K_0 路径，即水平变形基本为 0，且水平应力增量和竖向应力增量之比为常数；在基坑开挖过程中，卸荷引起基底土所受竖向应力减小，基底土在水平应力作用下发生竖向伸长，其应力路径为减压三轴伸长，基坑有隆起破坏的可能。同时，坑壁土在卸荷作用下则出现水平应力减小，坑壁土在竖向应力的作用下被动压缩，其应力路径为减压三轴压缩，侧壁土有侧向挤出破坏的可能。

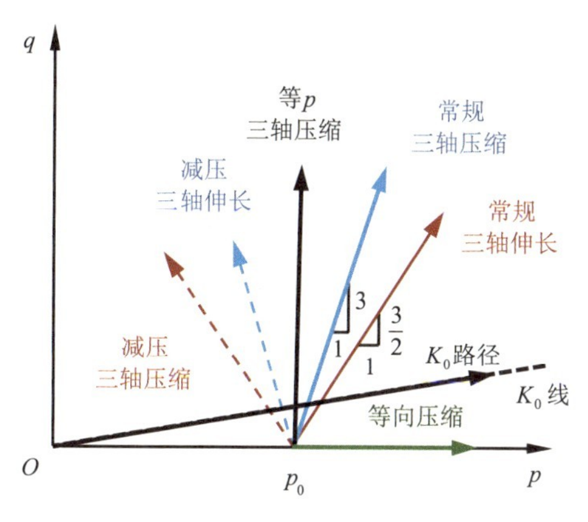

图 2-18　三轴试验的典型应力路径

4. 各向异性

土的各向异性可反映在等向压缩试验与剪切试验中，图 2-19 是不同沉积特性的土样进行的常规三轴试验的试验结果。定义沉积面与剪切过程中大主应力作用面间的夹角为 δ，可以看到，土的摩擦角随 δ 变化。

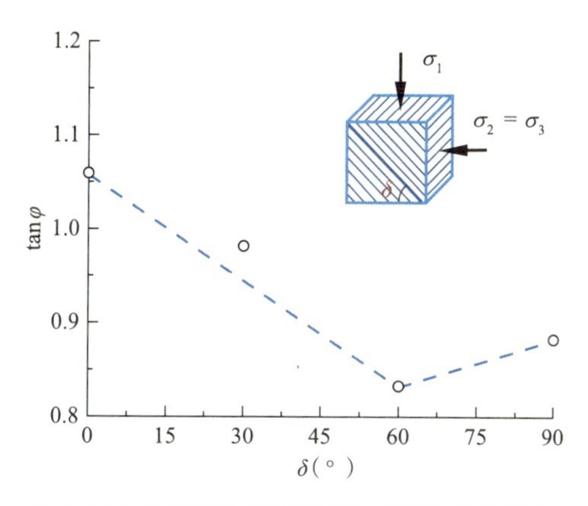

图 2-19　大主应力作用面与沉积面呈不同角度的强度试验结果

土的亚基本特性还有很多，比如时间依赖性（即蠕变特性）、温度依赖性、颗粒破碎性质等。

2.3.3 关联基本特性

在建立土的本构模型过程中，需要根据土的力学性质规律进行抽象和简化，并对应力 – 应变特性之间的关系进行一系列假定，统称为土的关联基本特性。在弹塑性框架下这些假定有屈服特性、正交流动性、相关联性以及临界状态特性等。

1. 屈服特性

屈服是指材料由只发生弹性应变到开始发生塑性应变的转折点。发生屈服时的应力状态称为屈服应力，其轨迹为屈服轨迹。屈服应力是一种界限应力状态，超过了这种界限，将发生塑性应变，如图 2-20 所示。土在屈服轨迹上变化，认为土只发生弹性变形，超过这一界限，则开始产生不可恢复的塑性变形。

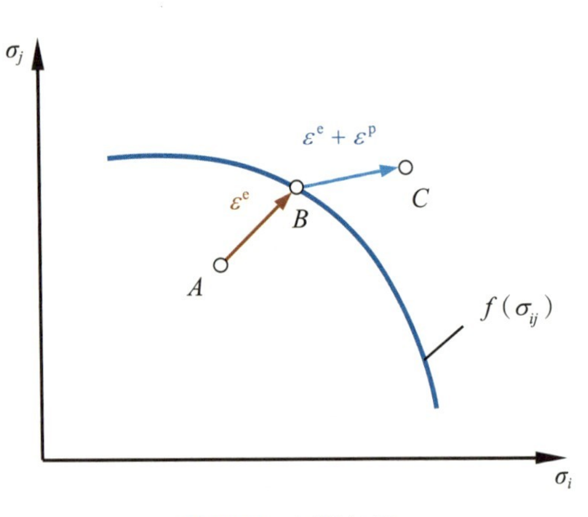

图 2-20 屈服特性

2. 正交流动性

塑性力学中用塑性势表征塑性发展的快慢，假定塑性变形沿塑性势面垂直的方向发展，称为正交流动性。某黏土的塑性势面的二维形式如图 2-21 所示，在塑性势面上，沿各应力点塑性流动方向的垂直方向勾画出一条曲线，那么各应力点的塑性流动方向就是该曲线的外法线方向。这些小箭头在横、纵轴方向投影就是塑性体积应变增量与塑性广义剪应变增量的比例，表征了塑性势的发展方向和大小。

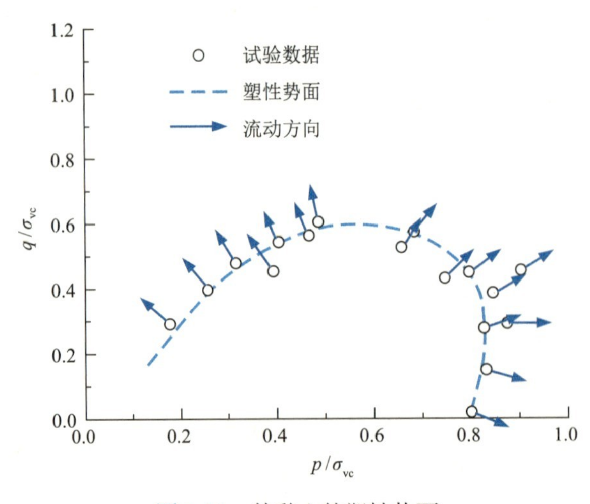

图 2-21 某黏土的塑性势面

3. 相关联性

相关联或非关联都是对屈服面与塑性势面二者关系的描述，统称相关联性。前述黏土的试验数据再次进行分析，如果分别将由该数据确定的屈服面与塑性势面绘制在图 2-22 中，发现屈服面与塑性势面形状大致相同。据此，可近似将屈服函数与塑性势函数取为同一函数，称其为屈服面与塑性势面相关联；如果两种相差较大，则需要分开用不同的函数来表达，称为非关联。需要指出的是，土在多数情况下是非关联的，相关联是岩土建模过程中的一种假定和近似。

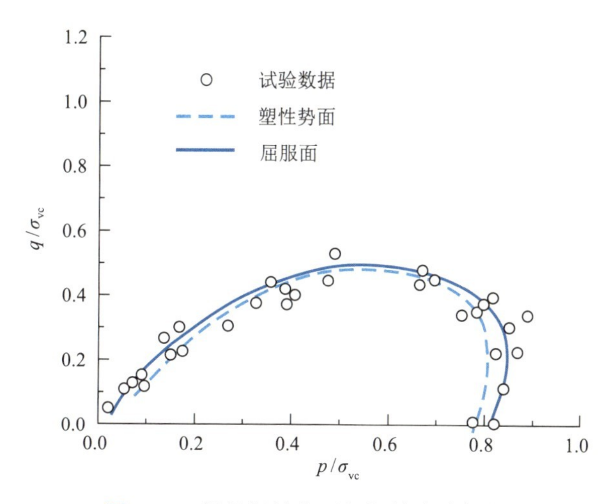

图 2-22　假想塑性势面与塑性流动方向

4. 临界状态特性

临界状态概念是对土破坏时基本力学表征的抽象，是临界状态土力学的基础。剑桥学派根据黏土三轴排水剪切试验结果，分析土在破坏时的有效应力状态与孔隙比状态的关系，总结出临界状态的概念，即破坏时的应力状态（p，q）不变，体应变保持不变，广义剪应变无限发展。相关内容将在后续土的弹塑性本构理论中讲述。

2.4　土的力学效应的理论描述

在外力作用下，土体发生体积和形状变化。如果应力超过了土体的承受能力，土则会发生破坏。变形和破坏是土力学研究的主要课题，本节简要介绍这种力学效应的相关理论基础。

2.4.1 土的弹塑性本构理论

土的力学性质具有很强的非线性，在应力作用下不但产生弹性变形，还会产生塑性变形。建立弹塑性本构模型，是考虑力学效应的重要理论课题。这里介绍土的弹塑性本构模型的基本概念，以及著名的弹塑性本构模型——剑桥模型（Cam-clay model）。

1. 弹塑性理论简述

在增量状态下，土的应力应变关系曲线如图 2-23 所示。土从 i 状态发展到（i+1）状态过程中，产生可恢复的弹性变形 $\mathrm{d}\varepsilon^{\mathrm{e}}$ 与不可恢复的塑性变形 $\mathrm{d}\varepsilon^{\mathrm{p}}$

$$\mathrm{d}\varepsilon_{ij}=\mathrm{d}\varepsilon_{ij}^{\mathrm{e}}+\mathrm{d}\varepsilon_{ij}^{\mathrm{p}} \tag{2-32}$$

式（2-32）两边同时乘一个弹性矩阵，得到

$$[D]\{\mathrm{d}\varepsilon\}=[D]\{\mathrm{d}\varepsilon^{\mathrm{e}}\}+[D]\{\mathrm{d}\varepsilon^{\mathrm{p}}\} \tag{2-33}$$

可以发现，由于塑性变形的存在，采用弹性矩阵会使（i+1）点超出了实际应力应变曲线。这就需要考虑塑性，重新构建一个弹塑性矩阵，使上式的计算符合实际情况。

$$\{\mathrm{d}\sigma\}=[D]_{\mathrm{ep}}\{\mathrm{d}\varepsilon\} \tag{2-34}$$

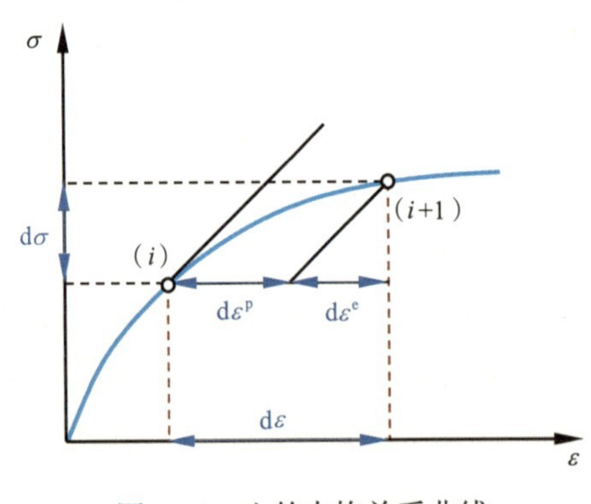

图 2-23 土的本构关系曲线

确定一定应力增量下的塑性变形量，需用塑性理论的 3 个法则。

（1）屈服准则：$f\left(\sigma_{ij},H\right)=0$，规定什么应力状态下发生塑性变形。

（2）流动法则：$\mathrm{d}\varepsilon_{ij}^{\mathrm{p}}=\Lambda\dfrac{\partial g}{\partial\sigma_{ij}}$，规定塑性变形的发展方向。

（3）硬化规律：规定塑性变形发展的大小。

根据上述框架，并结合胡克定律，可以获得弹塑性矩阵 $[D]_{\mathrm{ep}}$，不同的弹塑性本构

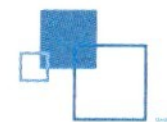

模型区别在于不同的 $[D]_{ep}$。

2. 剑桥模型

20 世纪 60 年代前后，剑桥大学罗斯科带领研究团队针对饱和正常固结黏土开展了大量工作，提出了剑桥模型。在建模过程中，对土的力学特性进行了抽象和简化，并充分运用了弹塑性理论。剑桥模型是迄今为止最为经典的土弹塑性本构模型，这里简要介绍建模的过程。下面的平均主应力均为扣除孔隙水压力的有效应力部分，为了叙述方便，略去了表示有效应力的上标。

饱和重塑正常固结黏土的应力状态与体积状态之间存在唯一性关系，这已被许多研究证实。在三轴应力状态下

$$\begin{aligned} q &= \sigma_1 - \sigma_3 \\ p &= \frac{1}{3}(\sigma_1 + 2\sigma_3) \\ v &= 1 + e \end{aligned} \tag{2-35}$$

式中，v 为比体积；e 为土的孔隙比。

典型的三轴试验结果如图 2-24（a）所示。图 2-24（a）中可以看出，正常固结黏土的等向压缩的应力路径分别为 OC_1、OC_2、OC_3。在每一级围压下完成固结后，不排水剪切过程的应力路径分别为 C_1U_1、C_2U_2、C_3U_3，排水剪切过程的应力路径分别为 C_1D_1、C_2D_2、C_3D_3。试验表明，所有路径的终点都在破坏线即临界状态线上，即 $q=Mp$。分别取等压固结、排水剪切和不排水剪切试验中的等向压力 p 与对应的比体积 v，得到图 2-24（b）。用对数坐标表示可以得到图 2-24（c）。可以发现，正常固结线（Normal consolidation line，简称 NCL 线）和临界状态线（Critical state line，简称 CSL 线）是两条大致平行的直线。

在 v-ln$p$ 坐标系中，NCL 线可表示为

$$v = N - \lambda \ln p \tag{2-36}$$

式中，N 为 NCL 线在应力状态为 ln$p$=0（或 p=1kPa）时对应土的比体积。试验结果表明，两条曲线在平面上是平行的。当卸载时，试样回弹，卸载时的比体积与 p 之间的关系可表示为

$$v = v_\kappa - \kappa \ln p \tag{2-37}$$

式中，v_κ 为应力状态下卸载到 ln$p$=0 时的比体积，如图 2-25 所示，κ 为卸载线在 v-ln$p$ 平面的斜率。

在 v-ln$p$ 坐标系中，CSL 线可表示为

$$v = \Gamma - \lambda \ln p \tag{2-38}$$

式中，Γ 为 CSL 线在应力状态 $\ln p=0$ 时对应土的比体积；λ 为 CSL 线在 v-$\ln p$ 平面的斜率。

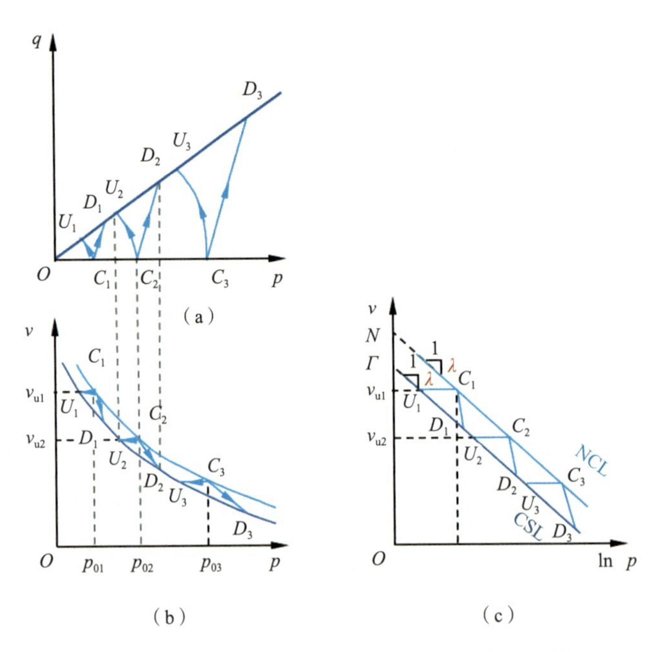

图 2-24 饱和重塑正常固结黏土的三轴试验结果

（a）p-q 关系曲线；（b）v-p 关系曲线；（c）v-$\ln p$ 关系曲线

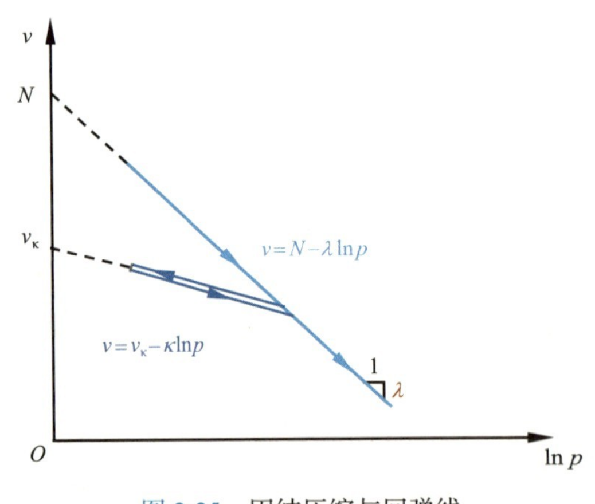

图 2-25 固结压缩与回弹线

上述分析表明，正常固结黏土的三个变量 p-q-v 存在唯一性关系，在三维空间中形成一个曲面，是土受力变形不可能超出的界面，称为物态边界面，如图 2-26 所示。

在 pOv 坐标系取 AR 线，其上荷载 p 变化时，无塑性体积变形；沿 AR 线上每个点作垂线，与物态边界面相交于 AF，ARF 围成一个垂直于 pOv 的曲面，AF 在坐标系 pOq 的投影为 $A'F'$。

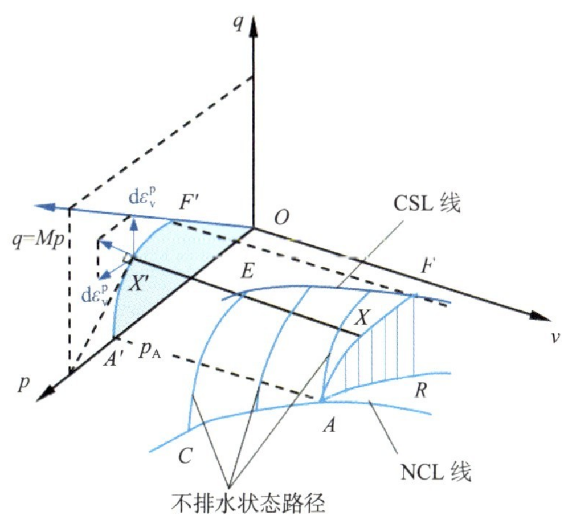

图 2-26　正常固结黏土的物态边界面

根据屈服轨迹的概念，$A'F'$ 上具有相同的塑性体积应变，可视为剑桥模型在 p-q 平面上的一条屈服线。为了得到屈服函数，剑桥模型引入了两个假设。

假设一，剪应变都是不可恢复的，弹性应变能只来自弹性体应变。

$$\mathrm{d}W^{\mathrm{e}}=p\mathrm{d}\varepsilon_{\mathrm{v}}^{\mathrm{e}}=\frac{\kappa}{1+e}\mathrm{d}p \tag{2-39}$$

式中，$\mathrm{d}W^{\mathrm{e}}$ 为弹性应变能增量，$\mathrm{d}\varepsilon_{\mathrm{v}}^{\mathrm{e}}$ 为弹性体应变增量。

假设二，塑性体变能可以忽略，塑性应变能只来自剪应变。

$$\mathrm{d}W^{\mathrm{p}}=q\mathrm{d}\varepsilon_{\mathrm{d}}=Mp\mathrm{d}\varepsilon_{\mathrm{d}} \tag{2-40}$$

式中，$\mathrm{d}\varepsilon_{\mathrm{d}}$ 为剪应变增量，M 为土的临界状态应力比。严格来说，上式仅适 用于临界状态，该假设是考虑建模严谨性和便捷性的折中方案。

变形能增量 $\mathrm{d}E$ 由平均主应力 p 与广义剪应力 q 引起，即

$$\mathrm{d}E=\mathrm{d}W^{\mathrm{e}}+\mathrm{d}W^{\mathrm{p}}=\frac{\kappa}{1+e}\mathrm{d}p+Mp\mathrm{d}\varepsilon_{\mathrm{d}}=p\mathrm{d}\varepsilon_{\mathrm{v}}+q\mathrm{d}\varepsilon_{\mathrm{d}} \tag{2-41}$$

整理上式得

$$p\left(\mathrm{d}\varepsilon_{\mathrm{v}}-\frac{\kappa}{1+e}\frac{\mathrm{d}p}{p}\right)=\left(Mp-q\right)\mathrm{d}\varepsilon_{\mathrm{d}} \tag{2-42}$$

注意到$\frac{\kappa}{1+e}\frac{\mathrm{d}p}{p}=\mathrm{d}\varepsilon_{\mathrm{v}}^{\mathrm{e}}$，且$\mathrm{d}\varepsilon_{\mathrm{v}}^{\mathrm{p}}=\mathrm{d}\varepsilon_{\mathrm{v}}-\mathrm{d}\varepsilon_{\mathrm{v}}^{\mathrm{e}}$，式（2-42）可以化为

$$\frac{\mathrm{d}\varepsilon_{\mathrm{v}}^{\mathrm{p}}}{\mathrm{d}\varepsilon_{\mathrm{d}}^{\mathrm{p}}}=M-\frac{q}{p}=M-\eta \tag{2-43}$$

式中，η 称为应力比。该式表示了总塑性应变在体应变和剪应变之间的分配比例，即总的塑性应变的发展方向，因此即为剑桥模型的流动法则。

根据共轴原则，应力主轴与塑性应变增量主轴方向一致，塑性体应变增量与塑性剪应变增量分别与 p 轴和 q 轴同向。如果比例确定，塑性应变增量的方向就确定了，这就具备流动法则的功能。

前文已提到，屈服准则的一般形式为

$$f\left(\sigma_{ij},H\right)=0 \tag{2-44}$$

剑桥模型用 p、q 表示的屈服方程为

$$f\left(p,q,H\right)=0 \tag{2-45}$$

则

$$\mathrm{d}f=\frac{\partial f}{\partial p}\mathrm{d}p+\frac{\partial f}{\partial q}\mathrm{d}q+\frac{\partial f}{\partial H}\mathrm{d}H=0 \tag{2-46}$$

同一屈服面上硬化参数 H 为常数，$\mathrm{d}H=0$，所以

$$\mathrm{d}f=\frac{\partial f}{\partial p}\mathrm{d}p+\frac{\partial f}{\partial q}\mathrm{d}q=0 \tag{2-47}$$

根据流动法则，即

$$\mathrm{d}\varepsilon_{ij}^{\mathrm{p}}=\Lambda\frac{\partial g}{\partial \sigma_{ij}} \tag{2-48}$$

此时有

$$\begin{aligned}\mathrm{d}\varepsilon_{\mathrm{v}}^{\mathrm{p}}&=\Lambda\frac{\partial g}{\partial p}\\ \mathrm{d}\varepsilon_{\mathrm{d}}^{\mathrm{p}}&=\Lambda\frac{\partial g}{\partial q}\end{aligned} \tag{2-49}$$

剑桥模型采用了相关联流动法则，即

$$f\left(\sigma_{ij}\right)=g\left(\sigma_{ij}\right) \tag{2-50}$$

式（2-49）改写为

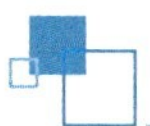

$$
\begin{aligned}
\mathrm{d}\varepsilon_{\mathrm{v}}^{\mathrm{p}} &= \Lambda \frac{\partial f}{\partial p} \\
\mathrm{d}\varepsilon_{\mathrm{d}}^{\mathrm{p}} &= \Lambda \frac{\partial f}{\partial q}
\end{aligned} \tag{2-51}
$$

联立式（2-47）与式（2-51），可得

$$
\mathrm{d}p\mathrm{d}\varepsilon_{\mathrm{v}}^{\mathrm{p}} + \mathrm{d}q\mathrm{d}\varepsilon_{\mathrm{d}}^{\mathrm{p}} = 0 \tag{2-52}
$$

将该条件代入流动法则，即式（2-43）中，可得

$$
\frac{\mathrm{d}q}{\mathrm{d}p} - \frac{q}{p} + M = 0 \tag{2-53}
$$

解此微分方程，得到

$$
\frac{q}{Mp} + \ln p = \ln c \tag{2-54}
$$

式中，$\ln c$ 是积分常数，根据定界解条件 $p=p_0$、$q=0$，得 $c=p_0$。代入上式，可得

$$
f = \frac{q}{p} - M \ln \frac{p_0}{p} = 0 \tag{2-55}
$$

即为剑桥模型的屈服函数，在 p-q 平面上，绘制其曲线，如图 2-27（a）所示。

进一步整理，可以得到剑桥模型的应力 – 应变关系，即

$$
\begin{cases}
\mathrm{d}\varepsilon_{\mathrm{v}} = \dfrac{1}{1+e}\left(\dfrac{\lambda-\kappa}{M}\mathrm{d}\eta + \lambda\dfrac{\mathrm{d}p}{p}\right) \\
\mathrm{d}\varepsilon_{\mathrm{d}} = \dfrac{\lambda-\kappa}{1+e} \cdot \dfrac{p\mathrm{d}\eta + M\mathrm{d}p}{Mp(M-\eta)}
\end{cases} \tag{2-56}
$$

下面来考察剑桥模型中土的屈服行为，如图 2-27（a）所示，在临界状态线（CSL 线）上，体应变不再变化，塑性剪应变无限增大，如图 2-27（a）中的 F 点，塑性应变增量的方向与 q 轴平行，可以满足条件；但是在屈服面与 p 轴的交点，即在 p 轴上的 A 点，塑性流动的方向与 CSL 线平行，具有剪应变分量，但土处于 A 点应力状态时，应仅有有效平均主应力 p 作用，这与共轴特性显然有冲突，应予以修正。

博兰德（Burland）1965 年建议了新的能量方程的形式。

$$
\mathrm{d}W^{\mathrm{p}} = p\sqrt{\left(\mathrm{d}\varepsilon_{\mathrm{v}}^{\mathrm{p}}\right)^2 + M^2\left(\mathrm{d}\varepsilon_{\mathrm{d}}^{\mathrm{p}}\right)^2} \tag{2-57}
$$

改进后的屈服方程为

$$
\left(p - \frac{p_0}{2}\right)^2 + \left(\frac{q}{M}\right)^2 = \left(\frac{p_0}{2}\right)^2 \tag{2-58}
$$

其对应的屈服面在 q 轴的正轴部分如图 2-27（b）中的蓝色曲线所示，其表达式（式 2-58）是一个 p-q 坐标系中的椭圆方程。

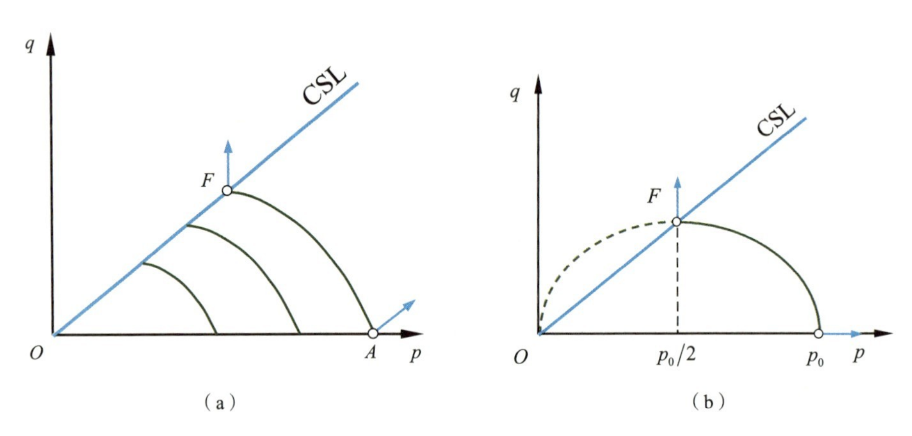

图 2-27 剑桥模型的屈服面

（a）剑桥模型；（b）修正剑桥模型

若读者有兴趣，可自行进行剑桥模型相关的应力－应变关系的推导，在此仅给出其应力－应变关系，即

$$\begin{cases} \mathrm{d}\varepsilon_{\mathrm{v}} = \dfrac{1}{1+e}\left[(\lambda-\kappa)\dfrac{2\eta\mathrm{d}\eta}{M^2+\eta^2}+\lambda\dfrac{\mathrm{d}p}{p}\right] \\ \mathrm{d}\varepsilon_{\mathrm{d}} = \dfrac{\lambda-\kappa}{1+e}\cdot\dfrac{2\eta}{M^2-\eta^2}\left(\dfrac{2\eta\mathrm{d}\eta}{M^2+\eta^2}+\dfrac{\mathrm{d}p}{p}\right) \end{cases} \tag{2-59}$$

2.4.2 土的强度理论

土的抗剪强度是土体能够抵抗剪切破坏的极限能力，数值上等于土体发生剪切破坏时的剪应力。当土中的应力状态达到一定条件时，就会发生破坏，破坏准则或强度理论就是描述这种应力状态组合的关系式。

1. 材料的强度理论

（1）米塞斯（Mises）准则与广义米塞斯准则

米塞斯准则认为，偏应力 J_2 达到某极限值 k_2 时材料破坏，即

$$f(J_2)=J_2-k^2=0 \tag{2-60}$$

式中，k 为材料参数。该准则在主应力空间里是一个圆柱面，如图 2-28（a）所示，由图 2-28（a）可知，米塞斯准则无法反映土的摩擦性。为此，德鲁克（Drucker）和普

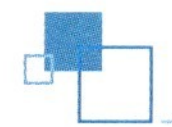

拉格（Prague）提出广义米塞斯准则，也就是DP准则，用公式表示为

$$f\left(J_2,I_1\right)=\sqrt{J_2}-\alpha I_1-k=0 \tag{2-61}$$

式中，α为反映材料摩擦性的参数。

式（2-61）在主应力空间中是一个圆锥面，如图2-28（b）所示，由图2-28（b）可见，随着平均主应力的增加，破坏面整体向外扩张，即达到破坏时所需的偏应力增加，能够反映土的摩擦性。

由于米塞斯准则与广义米塞斯准则在π平面上均为圆，所以两准则与应力罗德角θ_σ无关。

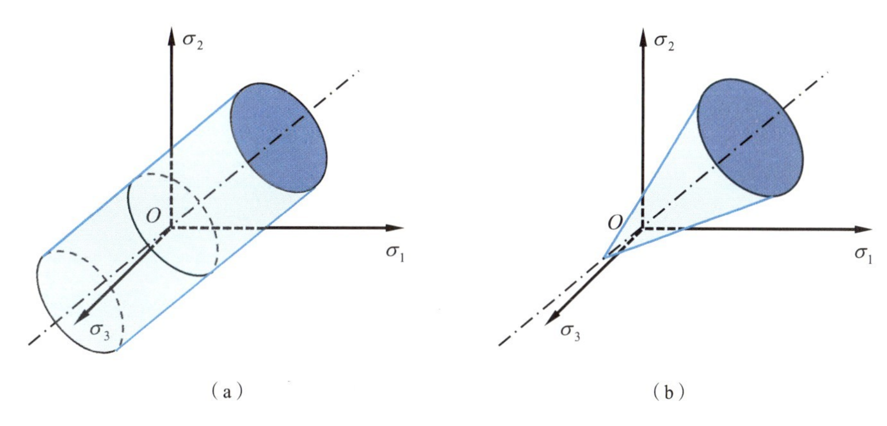

图2-28　米塞斯准则与广义米塞斯准则的强度面

（a）米塞斯准则；（b）广义米塞斯准则

（2）屈瑞斯卡准则与广义屈瑞斯卡准则

屈瑞斯卡（Tresca）准则定义为最大剪应力达到极限值时，材料破坏，用公式表示为

$$f\left(q,\theta_\sigma\right)=\sqrt{2}q\sin\left(\theta_\sigma+\frac{\pi}{3}\right)-\sqrt{6k'}=0 \tag{2-62}$$

式中，k'为材料参数。在主应力空间中，屈瑞斯卡准则是一个母线平行于静水压力轴的柱面，如图2-29（a）所示。屈瑞斯卡准则是金属材料常用的一个破坏准则，由图2-29（a）可知，该准则也无法反映土的压硬性，式（2-62）具有推广形式，也被称为广义屈瑞斯卡准则，即

$$f\left(p,q,\theta_\sigma\right)=\sqrt{2}q\sin\left(\theta_\sigma+\frac{\pi}{3}\right)-\sqrt{6k'}-3\sqrt{6}\alpha' p=0 \tag{2-63}$$

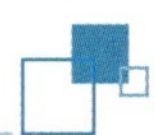

式中，α' 为材料参数。在主应力空间中，这是一个以空间对角线为轴的正六角锥，如图 2-29（b）所示。

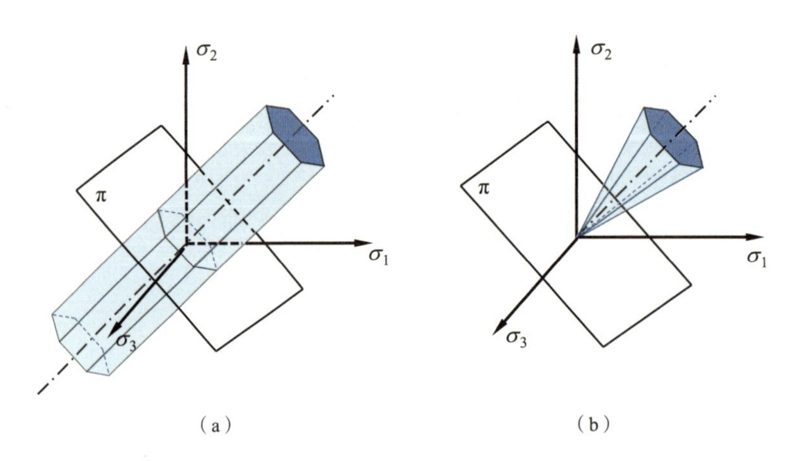

图 2-29 屈瑞斯卡准则与广义屈瑞斯卡准则的强度面

（a）屈瑞斯卡准则；（b）广义屈瑞斯卡准则

2. 莫尔 – 库仑强度理论

1773 年，库仑通过直剪试验装置测定了土的抗剪强度参数，即黏聚力 c 与摩擦角 φ。具体方法是，进行一系列不同正应力下（σ_{n1}、σ_{n2}、σ_{n3} 与 σ_{n4}）的直剪试验，选取试验结果的剪应力极限值 τ_f，即不同应力条件下的剪切强度，得到 τ–σ 坐标系中一条截距为 c，斜率为 $\tan\varphi$ 的曲线，如图 2-30（a）所示。该曲线的数学表达式为库仑公式

$$\tau_f = c + \sigma\tan\varphi \tag{2-64}$$

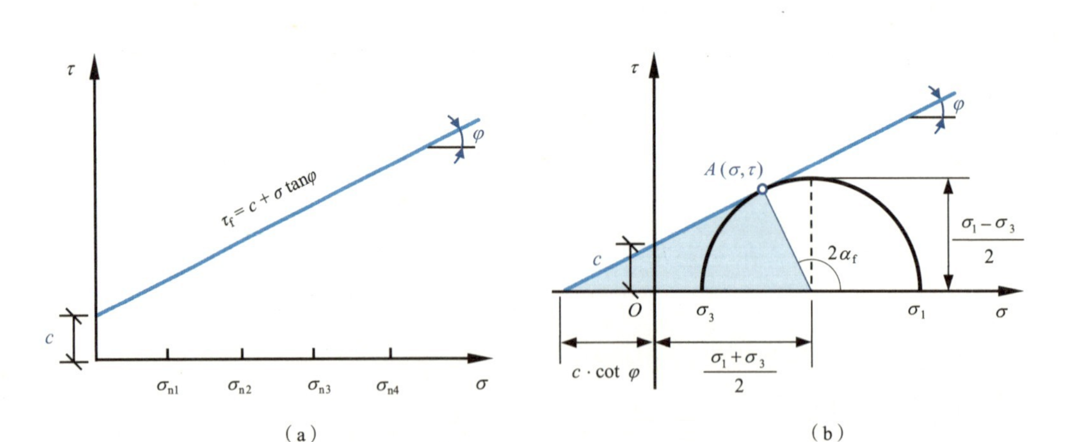

图 2-30 莫尔 - 库仑强度理论（τ–σ 平面）

（a）直剪试验结果；（b）莫尔圆与库仑包线的关系

通过直剪试验得到土的剪切强度，莫尔圆扩展为一般应力状态下土破坏的判据，即后来发展为莫尔－库仑强度理论。在 τ–σ 应力空间中（图 2-30b），对莫尔圆与材料特性曲线的切点 A 进行分析，其主应力与材料特性参数（c，φ）有如下关系

$$\frac{\sigma_1-\sigma_3}{\sigma_1+\sigma_3+2c\cot\varphi}=\sin\varphi \tag{2-65}$$

莫尔－库仑准则在三维应力空间的表达式为

$$\begin{aligned}&\frac{I_1}{3}\sin\varphi-\sqrt{J_2}\left[\frac{1}{\sqrt{3}}\sin\theta\sin\varphi+\cos\theta\right]+c\cos\varphi=0\\&\text{或 } p\sin\varphi-\frac{1}{\sqrt{3}}q\left[\frac{1}{\sqrt{3}}\sin\theta\sin\varphi+\cos\theta\right]+c\cos\varphi=0\end{aligned} \tag{2-66}$$

图 2-31 展示了主应力空间中不同视角的莫尔－库仑强度准则。在三维空间中，莫尔－库仑强度准则为一个以三轴平面（$\sqrt{2}\sigma_2=\sqrt{2}\sigma_3$）为对称轴对称的六棱锥形状，其中抗压强度 p_c 大于抗拉强度 p_t，比广义米塞斯或者广义屈瑞斯卡准则更符合土的强度特性。当摩擦角增大时，强度包线往外扩展，这一点在 π 平面上能清楚地体现出来。

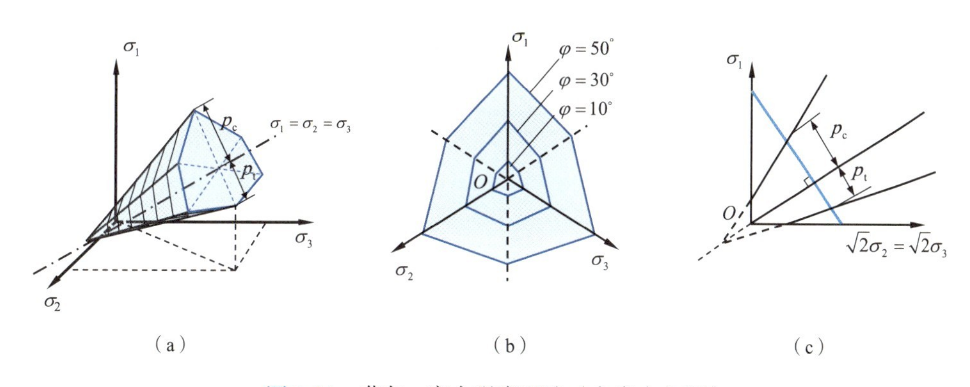

图 2-31　莫尔 - 库仑强度理论（主应力空间）

（a）三维空间；（b）π 平面；（c）三轴平面

几种经典的强度理论在 π 平面上的位置关系，如图 2-32 所示。广义米塞斯准则在 π 平面上是一个标准的圆形，广义屈瑞斯卡准则为标准六边形。

目前，土的强度准则已有多种。不同的强度准则对不同材料具有适用性问题，需要根据材料的力学特性考虑，选择最适用的强度理论。

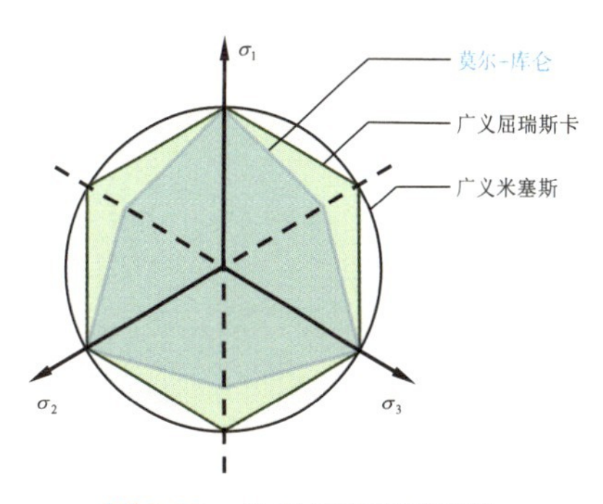

图 2-32　几种经典强度理论

思考与习题

2-1 图2-18中，常规三轴压缩试验剪切段的应力路径在 p-q 面上的斜率为什么是3？

2-2 计算土有效自重应力时，什么条件下用水土合算，什么条件下用水土分算？

2-3 简述土的压硬性和剪胀性的宏观表现，并解释其微观机理。

2-4 什么是土的临界状态？

2-5 已知土中某点应力状态，试求八面体应力 σ_{oct} 与 τ_{oct}。

$$\sigma_{ij}=\begin{bmatrix}5 & 3 & 8\\3 & 0 & 3\\8 & 3 & 11\end{bmatrix}\times 10^2\text{kPa}$$

2-6 已知某土体临界状态应力比 M=1.4，若存在两个应力状态如下，试分析哪个应力状态更接近临界状态。

$$\sigma_{ij}^{(1)}=\begin{bmatrix}9 & 0 & 3\\0 & 5 & 0\\3 & 0 & 3\end{bmatrix}\text{应力单位；}\sigma_{ij}^{(2)}=\begin{bmatrix}9 & 3 & 0\\3 & 5 & 3\\0 & 3 & 5\end{bmatrix}\text{应力单位}$$

第3章 土的温度效应

导读： 本章首先讲述土的热物理性质相关概念和测试技术，以及土中热量传递的主要方式和理论；其次，分别介绍正温环境下和负温相关的土力学基础理论；最后介绍温度变化下的岩土工程问题。

第1章中已经指出，环境岩土工程的学科内涵是，充分考虑环境因素解决岩土工程问题。土作为自然界的产物，其形成过程和赋存状态从来都离不开温度的影响。在进行工程建设时，由于自然引起或者人为导致的温度变化引起土的变形甚至破坏，即是本书所指的岩土工程的温度效应。温度效应对土的物理力学性质产生持续的影响，但是具有一定的隐蔽性和累积性，是岩土工程中必须慎重考虑的环境因素。

自20世纪60年代开始，岩土工程师开始关注土的温度效应。1969年在美国华盛顿召开了“温度和热效应对土体工程特性的影响”专题研讨会，众多研究者和岩土工程师一致认为，土体的温度效应不可忽视。然而，对岩土工程中温度效应的系统研究，则是在大量新型岩土工程出现以后，图3-1为正温与负温条件下新型岩土工程的温度效应问题。正温环境下涉及城市热岛效应、核废料及其他垃圾物地下处置、地热资源开采与贮存、城市供热管线和高压输电线的埋设等；负温相关的岩土工程问题包括土

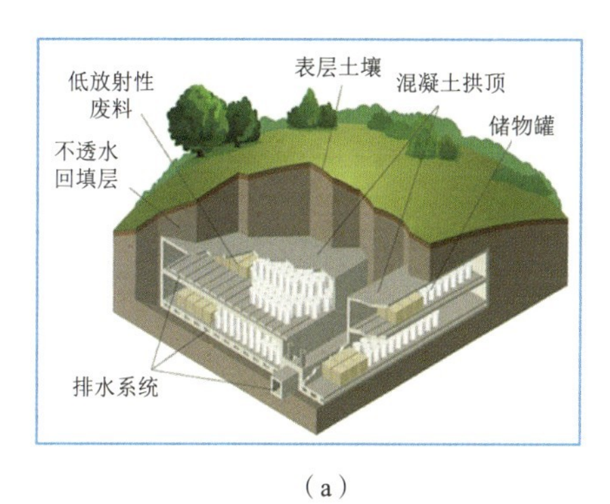

(a)

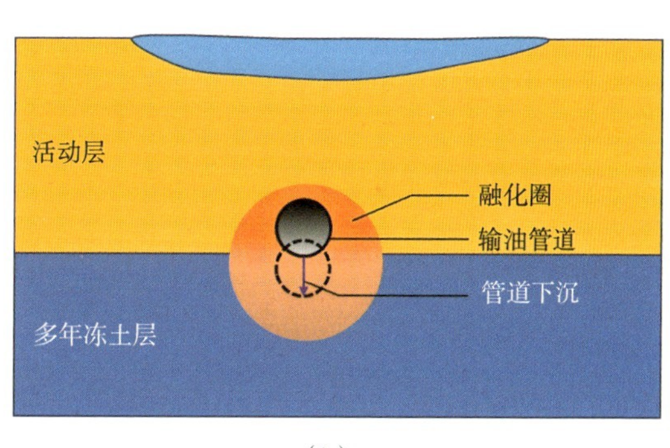

(b)

图3-1 新型岩土工程的温度效应问题

(a)核废料地下处置；(b)多年冻土区输油管线

的冻胀与融沉导致建筑物变形、公路翻浆冒泥、路基开裂变形、涵洞沉降积水以及人工冻结工程中的相关问题等。在这些岩土工程中，由于地层与周边环境发生强烈的相互作用，产生大量的热交换，工程的温度效应非常显著。不论正温还是负温条件，土的温度效应都紧密围绕"温度变化下工程的热量传递以及由此导致的工程服役性"，本章将着重讲述这一科学问题。

3.1 土中的热传递

3.1.1 土的热物理性质

土体吸收或放出热量，会产生温度变化。土的热物理性质不同会导致温度的变化不同，进而引起不同的温度效应。土的热物理性质是土对热量的传导、储存、吸收和释放等方面的特性，通常用到的物理量有热容量、导热系数和导温系数等。它们决定土体温度的变化和热量传递的速度，在研究土的温度效应和调节土的热状况方面发挥着重要的作用。土作为一种多相多孔的碎散性材料，其三相物质的组成比例和排列方式会随时间和位置发生变化，热物理参数随之改变。有时为了简化问题，将土看作均匀的导热介质，把相关热物理参数看作常数。但是，岩土工程师对土热物理性质的复杂多变性应保持清醒的认识。

1. 热容量与比热容

土的热容量是表示土体蓄热能力的指标，分为质量热容量和体积热容量两种。质量热容量又称为比热容，表示单位质量土体温度改变 1℃所需要的热量。体积热容量是指单位体积土体温度改变 1℃所需的热量。如果获得了土的密度，体积热容量可由质量热容量乘密度得到。

土的体积热容量可以按下式计算

$$C=C_{\mathrm{d}}\rho \tag{3-1}$$

式中 C——土的体积热容量 [kJ/（m³·℃）]；

C_{d}——土的比热容 [kJ/（kg·℃）]；

ρ——土的密度（kg/m³）。

在冻土中，冰的存在使冻土的比热容计算比融土更为复杂，可以根据各相不同物质成分的质量加权平均计算得到，如式（3-2）和式（3-3）所示。由于土中气相含量及比热容均很小，通常忽略不计。

$$C_{du}=\frac{C_{su}+WC_w}{1+W} \tag{3-2}$$

$$C_{df}=\frac{C_{sf}+\left(W-W_u\right)C_i+W_uC_w}{1+W} \tag{3-3}$$

式中　C_{du}，C_{df}——融土和冻土的比热容；

C_{su}，C_{sf}——融土骨架的比热容和冻土骨架的比热容；

C_w，C_i——水的比热容，取4.18kJ/（kg・℃），冰的比热容，取2.09kJ/（kg・℃）；

W，W_u——融土的含水率和冻土的未冻水含量。

土的热容量与土的干密度、有机质含量、矿物成分、含水率等因素有关。含水率起到重要的作用，土中含水率越大，热容量越大，相同条件下土升温和冷却的速度也就越缓慢；反之，土越干燥，热容量越小。砂土的含水率通常比黏土小，故砂土的热容量一般低于黏土。冻土与融土类似，其热容量同样随含水率而变化，且水的比热容大于冰的比热容。需要指出的是，冻土中的总含水率包括冰和未冻水。

2. 导热系数

土在单位温度梯度下单位时间内通过单位面积的热流量称为导热系数，又称为热导率，是表示土体导热能力的指标。导热系数是一个重要的热输运物性指标，取决于物质的原子和分子的物理结构。一般来说，固体的导热系数大于液体，液体的导热系数又大于气体，目前有两种计算导热系数的方法。

一是利用傅里叶定律推求导热系数。在稳定状态下，热量在土中的运动遵循傅里叶定律，即土的热流矢量、导热系数及温度梯度存在以下关系

$$\lambda=-\frac{q}{\nabla T} \tag{3-4}$$

式中　λ——导热系数[W/（m・℃）]；

q——热流矢量（热通量）表示单位时间内通过单位面积的热流量（W/m^2）；

∇T——温度梯度，负号表示热流矢量的方向是指向温度下降的方向。

二是利用经验公式根据土的地质条件等特征进行计算。工程中经常采用坎贝尔（Campbell）建议的经验公式，如式（3-5）所示。式中含有多个待定系数，对不同种类的土，需要试验确定系数值。

$$\lambda=A_1+B_1\theta_v-\left(A_1-D_1\right)\exp\left[\left(C_1\theta_v\right)^{E_1}\right] \tag{3-5}$$

式中　θ_v——体积含水率；

A_1、B_1、C_1、D_1、E_1——待定系数，与土中黏粒含量及干密度有关。

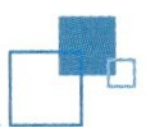

与热容量相似，土的导热系数是干密度、含水率和温度的函数，与土的矿物成分和结构构造有关。土的导热系数随干密度和含水率的增大而增大，当干密度和含水率相同时，粗粒土的导热系数一般大于细粒土，这是由于粗粒土的总孔隙率比细粒土要小。在低含水率的情况下，冻土和融土的导热系数大致相等；在高含水率的情况下，冻土的导热系数大于融土，有时达到两倍。此外，温度越低冻土的导热系数越大。

3. 导温系数

单位体积的土在单位时间内，由于流入或流出的热量导致其温度的变化量称为导温系数。根据定义，导温系数 α 可以表达为式（3-6），其中分子代表导热能力，分母代表容热能力。作为物性参数，导温系数表征物体被加热或冷却时，物体内部温度趋向均匀一致的能力，也称为热扩散系数。从温度的角度说明其物理意义，α 是反映材料传播温度变化能力大小的指标，数值越大，材料中温度变化传播越迅速。

土的导温系数与土的比热容成反比，与土的导热系数成正比。土的比热容、导热系数及导温系数之间存在换算关系，已知两个参数可以求另一个参数，如式（3-6）。

$$\alpha=\frac{\lambda}{c\rho} \tag{3-6}$$

式中　α——导温系数（m^2/s）；

λ——导热系数 [W/（m · ℃）]；

c——比热容 [J/（kg · ℃）]；

ρ——土的密度（kg/m^3）。

土的导温系数同样取决于土的干密度、含水率、物质组成和温度状态等因素。导温系数随干密度或含水率的增大而增大。当干密度和含水率相同时，粗粒土的导温系数大于细粒土。融土和冻土的导温系数均随干密度几乎呈线性增大。当干密度相同时，冻土的导温系数随含水率的增大而迅速增大，当含水率增大到一定值后，导温系数增大速率减缓，这一规律在粗粒土中比在细粒土中更为明显。

4. 热物理参数的测定

随着新型岩土工程建设活动的大量开展，准确快捷获取地下岩土体热物理参数的需求越来越迫切。目前获取岩土体热物理参数的方法主要有三种，一是室内试验测定，二是现场测定，三是根据场地地层情况查阅相关手册来测定，下面主要对前两种测试方法进行介绍。

1）室内试验

室内试验测试主要有平面热源法、热线法和热平衡法。

（1）平面热源法

平面热源法测试原理如图 3-2 所示。试验采用四个尺寸完全相同的试样，在试样 1 和 2 之间以及试样 3 和 4 之间分别放入加热器 1 和 2。加热器采用高电阻的康铜箔，其面积与试样端面积相同，加热器与试样整齐叠放。在试件中心部位放置热电偶测温探头，外侧放置绝热层，并预先加以适当压力，以保证各试件之间接触良好。通电加热时，加热器均等地向其两侧的试样传递热量，紧挨加热器的部分首先升温，然后热量逐渐向远离加热器的两侧方向传递。通过求解导热微分方程，并通过试验测出有关参数，按相应的公式可以计算出被测物体的导温系数、导热系数和比热容。该方法对样品表面平整度的要求较高，因而在测试砂土和岩石时易出现表面接触不良问题，准确性有所降低。

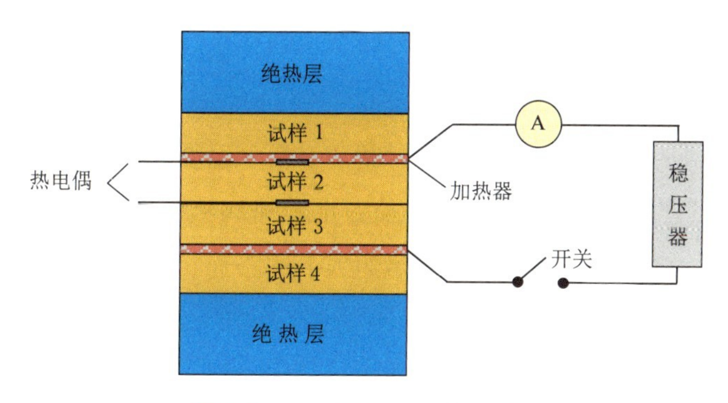

图 3-2　平面热源法试验示意图

（2）热线法

热线法是在各向同性的均质试样中埋置一根导线，即所谓的“热线”，如图 3-3 所示。当导线通电后，根据导线温度随时间变化的关系，可确定试样的导热系数。热线法测量时间短（约十几分钟），不需要测量试样的尺寸，能够快速、较准确地得到测量结果。不仅适用于干燥材料，而且适用于湿材料。热线法的科学性和可靠性已被证实。

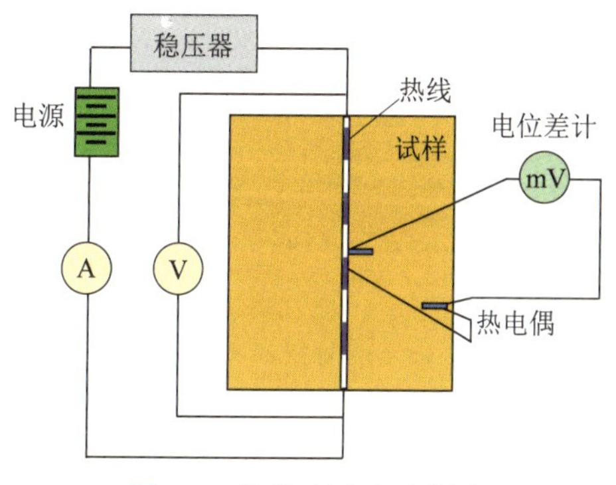

图 3-3　热线法试验示意图

（3）热平衡法

热平衡法是根据牛顿冷却定律，以水为介质来测定岩土的比热容。具体做法是将装有土样和热电偶的量热计在烘箱内均匀加热到高于介质温度 10～15℃，然后立即置于盛有一定质量水的恒温容器中，通过热电偶测量试样和水在热传递过程中以及达到温度平衡时的温度，按公式计算土的比热容。热平衡法原理简单，设备简单易获得，曾较广泛地用于测定土的比热容。然而，热平衡法在测试过程中存在热平衡终点选择难以及热量损失不可避免等问题，测试精度和可靠性不高。图 3-4 为热平衡法试验示意图。

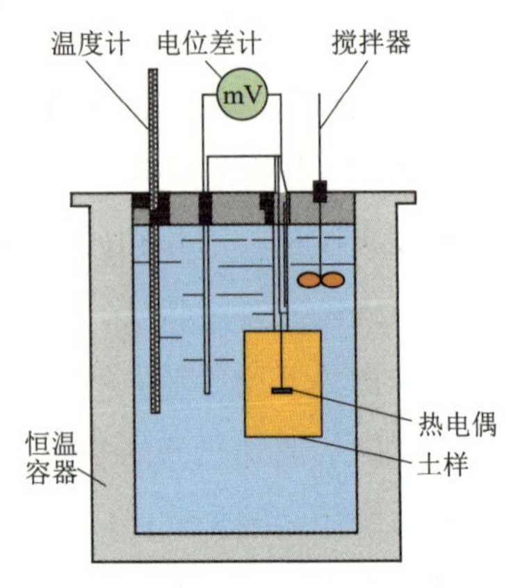

图 3-4　热平衡法试验示意图

2）现场测试

热物理参数的现场测试方法分为探针测试与岩土热响应试验。探针测试法的整个加热测量过程仅需 1 ~ 2h，测试效率高。但由于其所用探针尺寸较短，只能对探针周围的小部分土样进行加热，测试范围较岩土热响应试验差。因此，实际现场测试中应用最广泛的是岩土热响应试验。

岩土热响应测试仪主要由电加热器、循环水泵、温度传感器、压力传感器、电磁流量计、电量变送器和电压控制模块以及数据采集和控制系统组成，如图 3-5 所示。使用时，测试仪中的管路与地埋管换热器的地下回路连接，循环水泵驱动载热流体在回路中循环流动，载热流体经过加热器加热后流经地下回路，并与地下岩土进行换热，连续测试并记录地埋管换热器进出口水温、流量等数据。通过采集进出地埋管进出口的水温和流量，计算进入地下的热量，进一步计算可以得到土的导热系数。

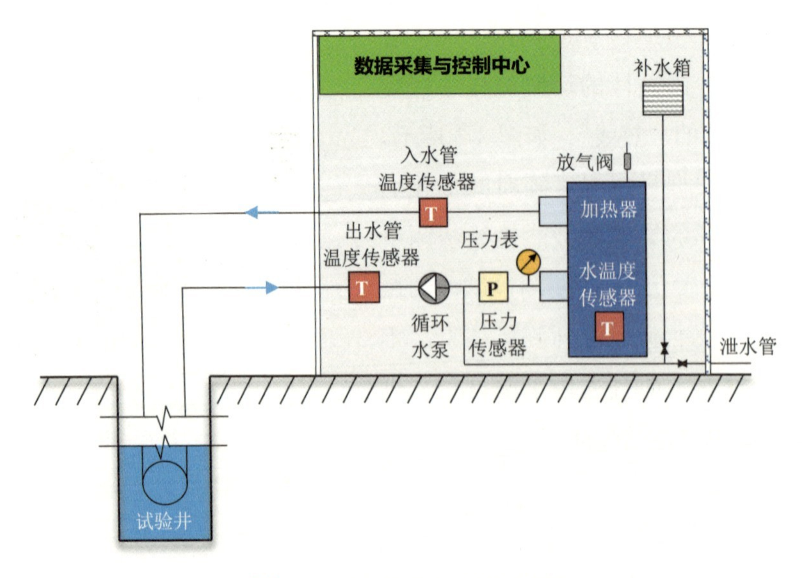

图 3-5　岩土热响应试验示意图

3.1.2　土中的热传导分析

热量的传递有 3 种基本方式，即热传导、热对流和热辐射。在土体内部，主要通过热传导和流体运移引起的热对流进行热量传递。土的热传导是在温度梯度的作用下，土体内不同单元之间存在的热量交换现象。在土体吸收热量后，除了按比热容升温外，同时还能够把吸收的热量传递给周围的土体。下面首先介绍土中的热传导。

1. 温度场和温度梯度

温度场是某一时刻物体内温度空间分布的总称。毫无疑问，热传递会改变土的温度场，由温度场也可以得到某一点的温度梯度。根据温度分布是否随时间而变，可将温度场分为稳态温度场和非稳态温度场。稳态温度场中的热传导过程，物体各点温度不随时间改变，温度分布只与空间坐标有关，$\partial T/\partial t=0$。非稳态温度场中的热传导过程，物体各点温度分布随时间改变。

温度场又可按空间坐标变化划分。如果物体内的温度仅在一个坐标方向上有变化，即 $\partial T/\partial x \neq 0$ 且 $\partial T/\partial y=\partial T/\partial z=0$，即为一维温度场，二维和三维温度场的概念可以类推。

某一时刻，物体内温度相同的点构成的面称为等温面，在一定的温度分布下，土体中有一系列等温面。在二维的截面上等温面表现为等温线，如图 3-6 所示，给定温度场内有两条等温线。设 A 点所在等温线温度为 T，另一等温线温度为 $T+\Delta T$。如从 A 点出发沿方向 l 达到另一等温线时所经过的距离为Δl，则平均温度变化率为$\Delta T/\Delta l$，对其取极限

$$\lim_{\Delta l\to 0}=\left(\frac{\Delta T}{\Delta l}\right)_{\mathrm{A}}=\left(\frac{\partial T}{\partial l}\right)_{\mathrm{A}} \tag{3-7}$$

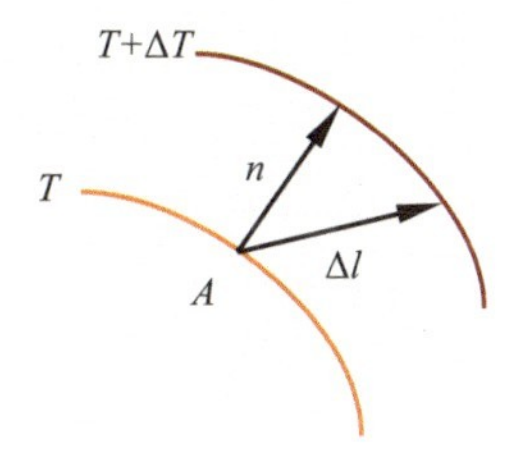

图 3-6　温度梯度示意图

显然，当温度沿等温线法线方向 n 变化时，沿这一方向的温度变化率（$\partial T/\partial n$）$_{\mathrm{A}}$ 最大，称其为 A 处的温度梯度。温度梯度是一个矢量，其方向沿着等温线的法线方向，并指向温度增加的方向。用符号 ∇T 或 grad$T$ 表示。

$$\nabla T = \mathrm{grad}T = \frac{\partial T}{\partial n} \tag{3-8}$$

在直角坐标系中表示为

$$\mathrm{grad}T = \frac{\partial T}{\partial x}i + \frac{\partial T}{\partial y}j + \frac{\partial T}{\partial z}k \tag{3-9}$$

2. 傅里叶定律

在稳定状态下，如同土中水遵循达西定律一样，热在土中的运动遵循傅里叶定律，即式（3-10）与式（3-11）。

$$Q_z = -\lambda \cdot A\frac{\partial T}{\partial z} \tag{3-10}$$

式中 Q_z——单位时间内土体在垂直方向上传递的热量（W）;

A——土体的横截面积（m^2）;

λ——导热系数 [W/（m・℃）];

$\partial T/\partial z$——土体垂直方向上的温度梯度，负号表示热运动方向是从高温指向低温。

如果只考虑垂直一维热流，下标 z 可省略。通过单位面积的热流量叫作热流密度，可以表示为式（3-11）。

$$q = \frac{Q}{A} = -\lambda\frac{\partial T}{\partial n} \tag{3-11}$$

式中 q——热流密度（W/m^2）。

傅里叶定律揭示了连续温度场内任意一处的热流密度 q（单位时间里通过单位面积的热流量，标量形式为热通量）与该处的温度梯度成正比。导热系数 λ 表示物质导热能力的大小，在数值上等于温度梯度为 1 时的热通量。关于导热系数的性质及测量方法，前文已详细阐述。

3. 导热微分方程

傅里叶定律描述了热流矢量与温度梯度之间的关系，然而确定物体的温度梯度还需要知道物体的温度场。对于稳态温度场，其温度或热通量对时间的偏导数为零；对于非稳态温度场，其温度和热通量随时间变化，可以建立关于热物理参数（导热系数、密度、比热容）与过程参数（温度场、内热源热量）的导热微分方程。导热微分方程的推导以能量守恒定律和傅里叶定律为基础。根据能量守恒定律，在单位时间内，从 x、y、z 三个方向通过导热进入微元体的净热量，加上微元体自身内热源的生成热，等于微元体内能增量，如式（3-12）所示。

$$\text{微元体内能增量} = \text{导入微元体净热量} + \text{微元体内热源生成热} \tag{3-12}$$

在直角坐标系（x，y，z）中，一个均匀各向同性且常物性介质的微元体 dxdydz 如图 3-7 所示。通过微元体 x 表面导入微元体的热量为

$$Q_x = -\lambda \frac{\partial T}{\partial x} \mathrm{d}y\mathrm{d}z \tag{3-13}$$

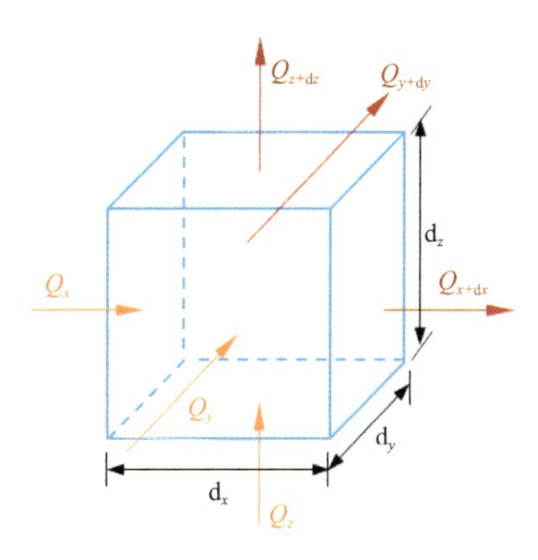

图 3-7　微元体导热分析

在 x+dx 处，通过微元体导出的热量为

$$Q_{x+\mathrm{d}x} = Q_x + \frac{\partial Q_x}{\partial x}\mathrm{d}x = Q_x + \frac{\partial}{\partial x}(-\lambda \frac{\partial T}{\partial x})\mathrm{d}x = Q_x - \lambda \frac{\partial^2 T}{\partial x^2}\mathrm{d}x\mathrm{d}y\mathrm{d}z \tag{3-14}$$

由式（3-13）与式（3-14）可以得出在 x 方向上通过导热进入微元体的净热量为

$$\Delta Q_x = Q_x - Q_{x+\mathrm{d}x} = \lambda \frac{\partial^2 T}{\partial x^2}\mathrm{d}x\mathrm{d}y\mathrm{d}z \tag{3-15}$$

同理，可以得出在 y、z 方向上通过导热进入微元体的净热量分别为

$$\Delta Q_y = Q_y - Q_{y+\mathrm{d}y} = \lambda \frac{\partial^2 T}{\partial y^2}\mathrm{d}x\mathrm{d}y\mathrm{d}z \tag{3-16}$$

$$\Delta Q_z = Q_z - Q_{z+\mathrm{d}z} = \lambda \frac{\partial^2 T}{\partial z^2}\mathrm{d}x\mathrm{d}y\mathrm{d}z \tag{3-17}$$

将式（3-15）、式（3-16）和式（3-17）相加，得到通过热传导进入微元体的净热量。

$$\text{导入微元体净热量} = \lambda\left(\frac{\partial^2 T}{\partial x^2} + \frac{\partial^2 T}{\partial y^2} + \frac{\partial^2 T}{\partial z^2}\right)\mathrm{d}x\mathrm{d}y\mathrm{d}z \tag{3-18}$$

物体由于通电、化学反应或者具有相变潜热等原因自行生成的热量称为内热源。单位体积的物体在单位时间内产生的热量记作 q_v（W/m^3），则微元体自身内热源生成的热量为

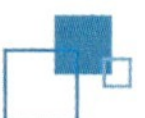

$$微元体内热源生成热 = q_v \mathrm{d}x\mathrm{d}y\mathrm{d}z \tag{3-19}$$

在一般导热问题中，假定物体的密度（ρ）和比热容（c）是常数，微元体内能的增量可表示为

$$微元体内能增量 = \rho c \frac{\partial T}{\partial t}\mathrm{d}x\mathrm{d}y\mathrm{d}z \tag{3-20}$$

将式（3-18）、式（3-19）和式（3-20）代入式（3-12），经整理得

$$\frac{\partial T}{\partial t} = \alpha\left(\frac{\partial^2 T}{\partial x^2} + \frac{\partial^2 T}{\partial y^2} + \frac{\partial^2 T}{\partial z^2}\right) + \frac{q_v}{\rho c} \tag{3-21}$$

式（3-21）即为三维非稳态导热微分方程式的一般形式，其中 α 为导温系数，$\alpha=\lambda/\rho c$，在上一节已有相关公式及说明。式（3-21）可考虑冻土中发生相变释放潜热时的冻土内部温度的分布。通常情况下，热传导过程没有相变，可以忽略土体内部潜热，$q_v=0$。

则式（3-21）可化简为

$$\frac{\partial T}{\partial t} = \alpha\left(\frac{\partial^2 T}{\partial x^2} + \frac{\partial^2 T}{\partial y^2} + \frac{\partial^2 T}{\partial z^2}\right) \tag{3-22}$$

用拉普拉斯算子表示为

$$\frac{\partial T}{\partial t} = \alpha \nabla^2 T \tag{3-23}$$

如果既没有内热源，物体又处在稳态导热情况下，式（3-22）可进一步化简为

$$\frac{\partial^2 T}{\partial x^2} + \frac{\partial^2 T}{\partial y^2} + \frac{\partial^2 T}{\partial z^2} = 0 \tag{3-24}$$

式中，拉普拉斯算子 $\nabla^2=\partial^2/\partial x^2+\partial^2/\partial y^2+\partial^2/\partial z^2$。

4. 定解条件

导热微分方程是材料热传导问题的普适性方程，对于具体问题，需要在上述方程的基础上，通过定解条件求解，得到温度场。定解条件分为几何条件、物理条件、时间条件和边界条件。

几何条件给定导热物体的几何形状、尺寸以及相对位置；物理条件表示导热物体的各种物理参数以及内热源的分布状况等；时间条件是指导热物体内在给定的某一时刻的温度分布，通常的时间条件是指初始条件，即在初始时刻研究区域内温度的分布情况，对于稳态热传导过程，不需要初始条件。

边界条件给定周围环境作用下物体边界的热状态。常见的边界条件有以下三类：第一类边界条件，又称温度边界条件，给出物体边界上的温度分布及其随时间的变化

规律；第二类边界条件，又称热流边界条件，即给出物体边界上的热流密度分布及其随时间的变化规律；第三类边界条件，又称对流换热边界条件，即给出了边界上物体表面与周围流体间的表面传热系数 h 及流体的温度 T_f。

例题 3-1

有一个厚度为100mm的无限大平壁，在稳态条件下两个壁面的温度分别为100℃和300℃，根据下列条件，求解通过该壁面的热流密度：（1）材料为黏性土，导热系数为1.2W/（m·K）；（2）材料为铜，导热系数为375W/（m·K）。

【解答】

根据傅里叶热传导定律，温度梯度可以表示为

$$\frac{\partial T}{\partial n}=\frac{T_2-T_1}{L}=\frac{300-100}{0.1}\text{K/m}=2000\text{K/m}$$

（1）黏性土的热流密度为

$$q=-\lambda\frac{\partial T}{\partial n}=-1.2\times 2000=-2400\text{W}$$

（2）铜的热流密度为

$$q=-\lambda\frac{\partial T}{\partial n}=-375\times 2000=-750000\text{W}$$

3.1.3 土中的热对流分析

土作为一种多孔介质，其内部广泛存在伴随地下流体的热对流。热对流是指流体中温度不同的各部分由于相互混合的宏观运动所导致的热量传递现象。工程中经常遇到相对运动的流体和固体壁面之间的传热，称之为“对流换热”。对流换热概念本质上有别于热对流，本节重点讨论对流换热问题。一般来说，强迫对流换热强于自然对流换热；有相变的对流换热强于无相变的对流换热；水的对流换热强于空气的对流换热。

1. 牛顿冷却定律

与热传导类似，分析热对流过程也要考虑其热流量。1701年，英国科学家牛顿（Newton）提出，当高温物体受到温度为 T_f 的流体冷却时，物体表面温度随时间的变化符合式（3-25）所示的规律

$$\frac{\mathrm{d}T_w}{\mathrm{d}t}\propto\left(T_w-T_f\right)\tag{3-25}$$

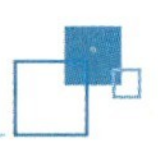

显然，物体表面的温度变化与壁面和流体之间的换热量密切相关。后人在式（3-25）的基础上发展了热流换热的基本计算式，称之为牛顿冷却定律

$$Q = hA\left(T_w - T_f\right) = hA\Delta T \tag{3-26}$$

式中 Q——热对流的热流矢量（W/m^2）；

T_w——固体壁面的温度（℃）；

T_f——流体的温度（℃）；

h——对流换热系数 [W/（m^2・℃）]；

A——固体壁面对流换热表面积（m^2）。

上式中的对流换热系数决定热对流过程中的传热速率，对流换热系数越大，表示热对流过程越快。影响对流换热系数的因素有很多，具体包括流体的热物理参数（导热系数、比热容等）、流动的形态（层流、紊流）、流动的成因（自然对流或强制对流）、物体表面的形状尺寸、流体有无相变（沸腾或凝结）等。然而，仅根据牛顿冷却定律，不能揭示对流换热系数与各种影响因素之间的内在联系。进一步使用理论分析或试验方法得出对流换热系数的数值，是对流换热研究的主要内容。

2. 对流换热系数

如何建立对流换热系数与流体温度场之间的联系？考察固体壁面和流体之间的热量传递过程，当流体流过固体表面时，由于流体的黏性作用，紧贴壁面的区域流体将被滞止而处于无滑移状态。壁面与流体间的热量传递必须穿过这层静止的流体层，因此在贴近壁面的这层流体中，从壁面传入的热量可以根据傅里叶定律确定

$$q = -\lambda \frac{\partial T}{\partial y} \tag{3-27}$$

式中 $\partial T/\partial y$——贴壁处沿壁面法线方向上流体的温度梯度；

λ——流体的导热系数。

在稳定状态下，壁面与流体之间的对流换热量就等于贴壁处静止流体层的导热量

$$q = h(T_w - T_f) = -\lambda \frac{\partial T}{\partial y} \tag{3-28}$$

因此，对流换热系数可通过式（3-29）求解

$$h = -\frac{\lambda \dfrac{\partial T}{\partial y}}{T_w - T_f} \tag{3-29}$$

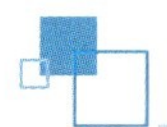

3. 对流换热控制方程组

对流换热是流体热对流与导热联合作用的能量传递过程，与流体流动所引起的质量、动量与能量的传递情况有关。对流换热系数的数学分析需要求解对流换热控制方程组，这些方程组包括描述对流换热本质的对流换热微分方程、流体连续流动状态的质量守恒方程、动量守恒方程以及描述流体中温度场分布的能量守恒方程。对于稳态、不可压缩、常物性、无内热源的二维热对流问题，需要求解以下热对流过程控制方程组。

（1）质量守恒方程

$$\frac{\partial u}{\partial x}+\frac{\partial v}{\partial y}=0 \tag{3-30}$$

（2）动量守恒方程

$$\rho\left(u\frac{\partial u}{\partial x}+v\frac{\partial u}{\partial y}\right)=F_x-\frac{\partial p}{\partial x}+\mu\left(u\frac{\partial^2 u}{\partial x^2}+v\frac{\partial^2 u}{\partial y^2}\right) \tag{3-31}$$

$$\rho\left(u\frac{\partial v}{\partial x}+v\frac{\partial v}{\partial y}\right)=F_y-\frac{\partial p}{\partial y}+\mu\left(u\frac{\partial^2 v}{\partial x^2}+v\frac{\partial^2 v}{\partial y^2}\right) \tag{3-32}$$

式中，等式左边两项表示流体沿 x 方向与 y 方向流过微元体后所引起的动量流量的增量；等式右边分别表示作用在微元体上的体积力、压力差和黏性力。

（3）能量守恒方程

$$\rho c_{\mathrm{p}}\left(u\frac{\partial T}{\partial x}+v\frac{\partial T}{\partial y}\right)=\lambda\left(\frac{\partial^2 T}{\partial x^2}+\frac{\partial^2 T}{\partial y^2}\right) \tag{3-33}$$

式中，等式左边两项表示微元体沿 x 方向与 y 方向通过对流方式所获得的净热流量；等式右边表示微元体通过导热方式获得的净热流量。

（4）对流换热微分方程

$$h=-\frac{\lambda}{T_{\mathrm{w}}-T_{\mathrm{f}}}\left.\frac{\partial T}{\partial y}\right|_{y=0} \tag{3-34}$$

求解以上微分方程组需要定解条件，与热传导问题不同的是，热对流问题的定解条件应包括速度、压力和温度的初始条件和边界条件。由于热对流问题的表达式具有非线性的特点，在数学上求出其解析解十分困难，因此常借助于普朗特提出的边界层概念，使用分析法求解热对流问题。

例题 3-2

一根外径为0.3m，壁厚为3mm，长为10m的圆管，入口温度为80℃的水以0.1m/s的平均速度在管内流动，管道外部横向流过温度为20℃的空气，试验测得管道外壁面的平均温度为75℃，水的出口温度为78℃，已知水的定压比热容为4187J/（kg·K），密度为980kg/m³，试确定空气与管道之间的对流换热系数。

【解答】

（1）管内水的散热量为

$$Q_1 = \rho u A_c c_p (T_{in} - T_{out})$$

$$A_c = \frac{\pi d^2}{4} = \frac{\pi}{4}(0.3 - 2 \times 0.003)^2 = 0.0679\text{m}^2$$

$$Q_1 = 980 \times 0.1 \times 0.0679 \times 4187 \times (80 - 78) = 55722.27\text{W}$$

（2）管道外壁与空气之间的对流换热量为

$$Q_2 = hA(T_w - T_f) = \pi d_0 l (T_w - T_f) h = \pi \times 0.3 \times 10 \times (75 - 20) h = 518\text{W}$$

（3）管内水的散热量等于管道外壁与空气之间的对流换热量

$$518h = 55722.27$$

$$h = 107.55\text{W}/(\text{m}^2 \cdot \text{K})$$

3.2 正温环境下的土力学问题

随着城市化的发展，涌现出诸多涉及土体温度改变的能源和环境岩土工程，包括地源热泵、能源桩、热油回收、高温海底管道、城市供热管线和高压输电线埋设、垃圾填埋场、锅炉地基、热排水固结法地基处理、地铁围岩（土）传热以及核废料深层埋置等。在上述工程中，土体和工程主体之间存在热量交换，土体温度不再恒定，而是变化的。例如，图3-8为我国“北方地区冬季清洁取暖计划”所推广的地源热泵采暖系统控温原理图。房屋所安装的地源热力泵在冬天从温度相对较高的地基中吸热，在夏天向温度较低的地基中散热，导致地基始终处于降温和升温的循环之中。图3-9中城市热力管道内的热流体不断通过管壁向土体散发热量，导致土体升温。图3-10中垃圾填埋场的垃圾山内部发生化学反应，产生热量并传递给地基土，导致土体升温。在进行以上工程的土体变形和稳定性分析时，需要考虑温度对土力学行为的影响。

土中各相物质在正温作用下的微观物理变化主要表现在三个方面：（1）固体颗粒

随温度变化发生热胀冷缩；（2）结合水膜厚度随温度升高而变薄；（3）孔隙水黏滞系数随温度升高而变小。其中，固体颗粒热胀冷缩对土的力学特性影响较弱；结合水膜厚度的变化引起土颗粒间距的变化，进而引起土的密度、刚度和强度等物理力学参数的改变，对土的力学特性的影响最为显著；孔隙水黏滞系数的变化主要影响土的渗透特性。综上，在与土力学相关的三类工程问题（强度问题、变形问题和渗流问题）中，强度问题和变形问题与温度有关联的主要原因是温度影响结合水膜的厚度。在各类土中，粗粒土中几乎无结合水，而黏土等细粒土中结合水含量较高，因此，黏土力学特性受温度的影响较其他土更为显著。目前，针对温度对土力学特性影响的试验、理论和工程问题研究主要集中于黏土。

第 2 章已述及，土的力学特性按照其对土的力学行为影响的程度，分为基本特性、亚基本特性与关联基本特性。基本特性包括压硬性、剪胀性与摩擦性三种，它们是土区别于其他材料的最根本特性。下面主要介绍温度对黏土三种基本力学特性的影响，最后介绍温度对土渗透性的影响。

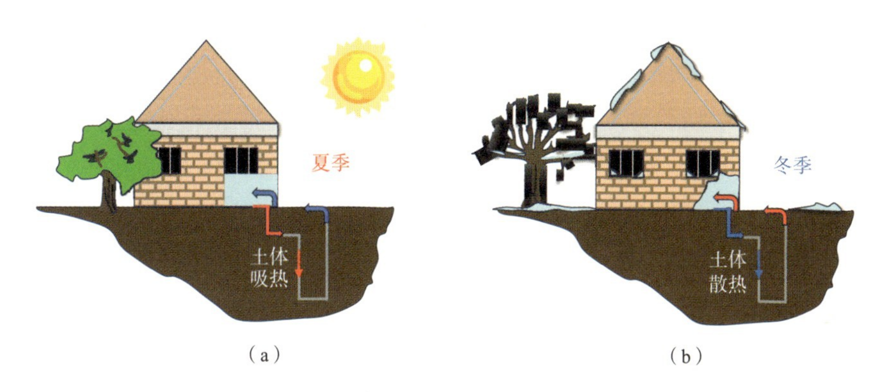

（a）　（b）

图 3-8　房屋地源热泵控温原理图

（a）夏季土体吸热；（b）冬季土体散热

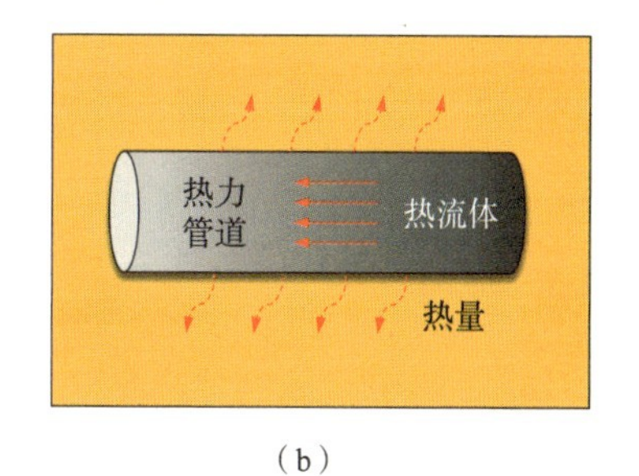

（a）　（b）

图 3-9　地埋热力管道

（a）热力管道施工图；（b）热力管道散热示意图

（a）

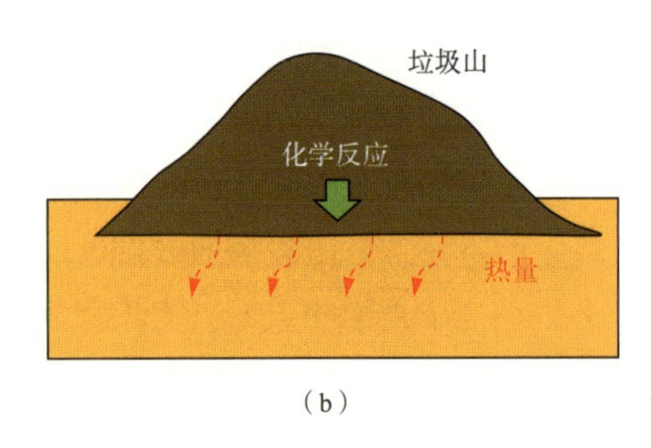

（b）

图 3-10 垃圾填埋场

（a）上海某垃圾填埋场；（b）垃圾山散热示意图

3.2.1 温度对黏土压硬性的影响

压硬性指的是土在压缩过程中所表现出的模量随密度增加而增大的特性。土的单向固结试验结果可以直观地反映压硬性。图 3-11 为不同温度下单向固结试验测得的土正常压缩曲线的示意图。图中 e 为孔隙比，σ'_v 为竖向有效应力。从图 3-11（a）可以看出，随着固结过程的进行，σ'_v 增大，e 减小，密度增大，压缩曲线斜率减小，即土的压缩模量增大。土在压缩过程中随着应力的增大变“硬”了，即压硬性的体现。

将图 3-11（a）的压缩曲线绘制于半对数坐标系 $e\text{-}\lg\sigma'_v$ 中，可获得相互平行的正常压缩曲线，如图 3-11（b）所示，这些曲线的斜率即为压缩系数 C_c。由图 3-11（b）可知，压缩曲线随着温度升高整体下移，但压缩系数 C_c 不受温度变化的影响。

在图 3-11（b）中对于某个超固结状态点 A，其在室温 T_0 下的前期固结压力点为点 D，前期固结压力大小为 σ'_{vc0}。随着温度升高到 T_1 或 T_2，正常压缩曲线向下平移，点 A 对应的前期固结压力点移动至点 C 或点 B，其对应的前期固结压力减小至 σ'_{vc1} 或 σ'_{vc2}。由此可见，升温导致土的前期固结压力减小。这一规律已得到试验证实，图 3-12 显示了多种黏土的前期固结压力随温度变化的试验关系，可以看出前期固结压力随升温呈非线性减小。前期固结压力和温度的这种非线性关系，可近似用对数函数描述。

$$p_{xT} = p_x \cdot \left(1 - \gamma \lg\frac{T}{T_0}\right) \tag{3-35}$$

式中 T——当前温度（℃）；

T_0——初始温度，一般为室温（℃）；

p_{xT}——当前温度下的前期固结压力（kPa）；

p_x——初始温度下的前期固结压力（kPa）；

γ——材料参数。

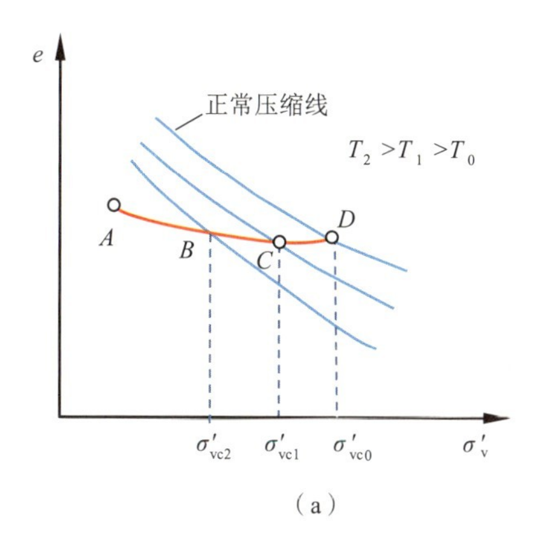

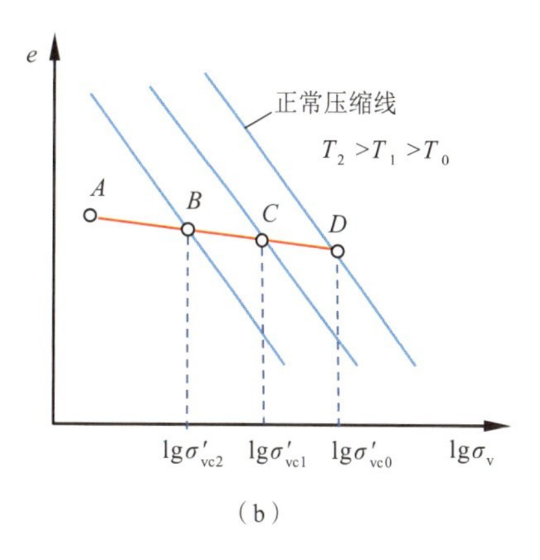

图 3-11　温度对正常压缩曲线的影响示意图

(a) e-σ'_v 坐标系；(b) e-$\lg\sigma'_v$ 坐标系

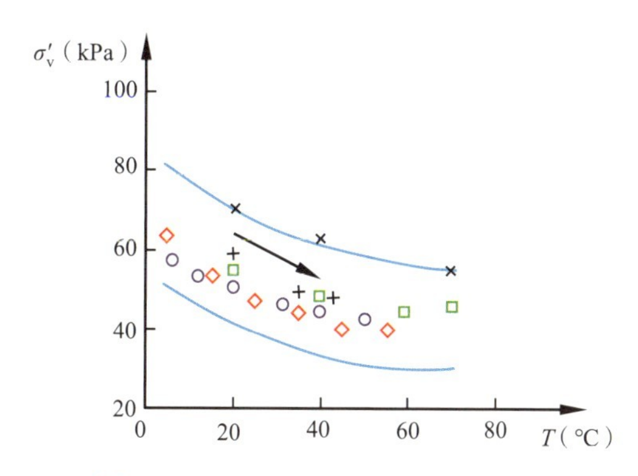

图 3-12　温度对前期固结压力的影响

上述正常压缩曲线随温度的变化规律实际上反映了温度对正常固结土体变的影响。在升温作用下，正常压缩线下移，压缩曲线对应的孔隙比减小，说明正常固结土随温度升高发生体缩。然而，升温对不同超固结度土的体变影响并不相同。图 3-13 为通过等向升温试验获得的不同超固结比（OCR）黏土体变 ε_v 结果的示意图。等向变温试验是指在各方向大小均等的静水压力作用下，对土样进行排水条件下的升温试验。从图 3-13 可以看出，正常固结土（OCR=1）在升温过程中发生明显体缩，其原因是温度升高土骨架和孔隙水都有膨胀的趋势，产生超静孔隙水压力，在这种试验条件下，正常固结土中的孔隙水在升温作用下加速排出，孔隙水压力消散，土样出现排水固结。与正常固结土的升温体缩不同，重超固结土（OCR=4 或 6）在升温作用下则发生轻微体胀，其原因是：已经过度固结的超固结土在升温作用下难以再出现孔隙水的排出，而是其内部固体颗粒在升温作用下发生热胀现象，引起轻微体胀。正常固结土在升温作用下，其内部固体颗粒也存在热胀现象，但该现象引起的轻微体胀程度远小于孔隙

水排出引起的体缩，因此正常固结土在升温作用下总体上仍表现为体缩。中等超固结土（OCR=2）在升温作用下的体变模式和程度介于正常固结土和重超固结土之间。总体而言，随着超固结度的增大，土在升温作用下的体变逐渐由体缩转变为体胀。

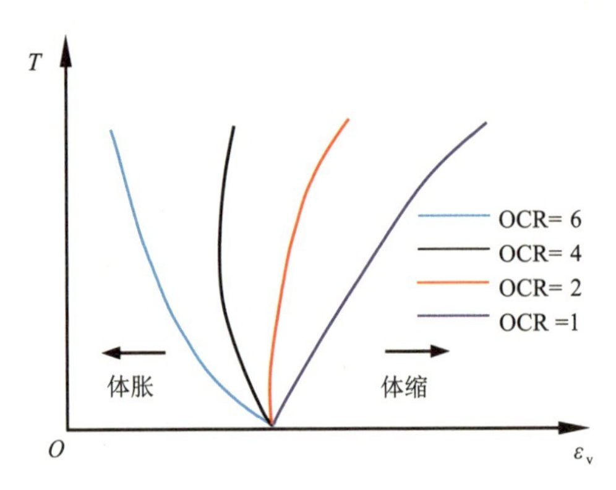

图 3-13 温度对不同超固结度黏土体变的影响

3.2.2 温度对黏土摩擦性的影响

与金属材料不同，土具有摩擦性，这使得土的抗剪强度不是常数，而是与约束压力有关的变量。图 3-14 为不同温度下的黏土临界状态线示意图，可以看出，剪切强度 q_f 随约束压力 p 的增加而增大，这即是对摩擦性的反映。此外，剪切强度和约束压力的比值 q_f/p 为常数，该常数即为临界状态应力比 M，其大小反映了土摩擦性的强弱。

在不考虑温度影响的情况下，M 的取值主要与土质类型有关，在同一种土中可被视作定值。然而，温度作用会改变黏土的摩擦性，升温使得黏土的摩擦性变强，临界状态线斜率增大，如图 3-14 所示，因而同一种黏土的临界状态应力比 M 随着升温而增大。

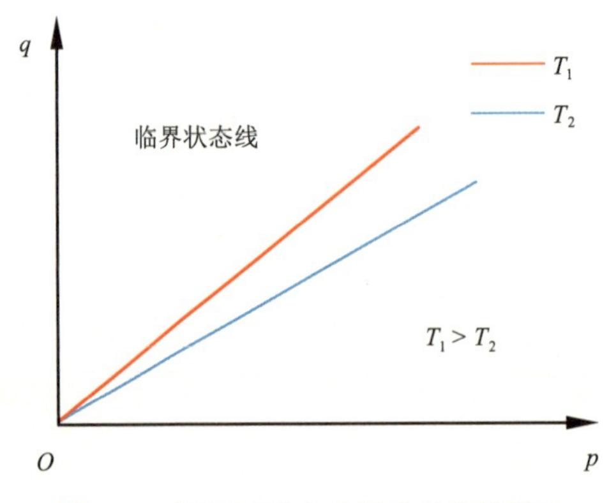

图 3-14 温度对黏土临界状态线的影响

3.2.3 温度对黏土剪胀性的影响

剪胀性从物理角度来讲描述了剪切过程中剪应力 q 变化对体积应变 ε_v 产生的影响，从更深层次的角度来讲揭示了加载剪切过程中平均主应力 p 与广义剪应力 q 在产生应变上的耦合。黏土的剪胀关系可以用式（3-36）表示。

$$\frac{d\varepsilon_v^p}{d\varepsilon_d^p}=f(p,q) \tag{3-36}$$

式中　$d\varepsilon_v^p$——塑性体积应变增量；

$d\varepsilon_d^p$——塑性剪切应变增量；

q——广义剪应力；

p——平均主应力。

上式描述了塑性应变增量 $d\varepsilon_v^p$、$d\varepsilon_d^p$ 与应力（p 和 q）之间的一一对应关系。对于某一温度下的土来说，剪胀关系是唯一的，但随着温度的改变，剪胀关系会发生变化。图 3-15 为温度对黏土剪胀关系的影响。可以看出，随着温度的升高，剪胀关系曲线的平均斜率更大，曲线形态更陡。这表明在相同的剪应力水平下，温度升高后的土更倾向于产生塑性体积应变 $d\varepsilon_v^p$，即剪胀性更强了。

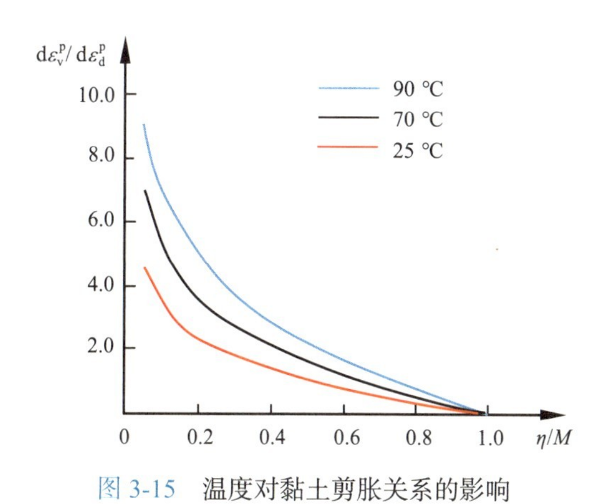

图 3-15　温度对黏土剪胀关系的影响

3.2.4 温度对土渗透性的影响

温度对土的渗透性具有重要影响，相关现象和规律可以通过不同条件下的渗透试验获得。初等土力学中曾介绍过，在层流条件下，水在土中的渗流符合达西定律，即

$$v=ki=k\frac{\Delta h}{L} \tag{3-37}$$

土的渗透性强弱取决于渗透系数 k，温度主要通过影响渗透系数来影响土的渗透性。渗透系数 k 与土骨架有关，也与孔隙流体有关。从土骨架的角度来说，正如 3.2.1 节所提及的，在排水过程中温度升高会引起土体体积变形，从而改变土体的孔隙比，导致在温度影响下渗透系数的变化，其变化的幅值与土性有关。

从孔隙流体角度来说，温度改变引起水的黏滞系数和结合水黏滞阻力变化。黏滞系数用于描述水内部的摩擦力，而结合水的黏滞阻力则描述土颗粒表面和水分子之间的相互作用力。当温度升高时，黏滞系数降低，纯水的黏滞系数随温度的变化如表 3-1 所示；同时，由于土颗粒表面上的结合水减少，结合水膜变薄，其黏滞阻力也相应降低，由此导致土的渗透系数改变。

不同温度下纯水的黏滞系数　　表 3-1

温度（℃）	15	20	40	60	80	90
黏滞系数（10^{-3} Pa·s）	1.138	1.002	0.653	0.467	0.355	0.315

可见，对于黏性土渗透性温度效应的机理分析，至少应考虑以下三个方面的因素，即土中自由水黏滞系数的变化，双电层结合水膜的厚度变化，以及土的细观和微观结构的变化。

3.3　负温相关的土力学问题

天然冻土地区工程与人工冻结工程具有相同的研究对象和物理力学过程，其研究的科学问题都与负温相关，均属于寒区岩土工程的范畴。寒区岩土工程研究对象多、物理力学过程复杂，可以将相关科学问题归纳为“三个研究对象和四个物理力学过程”，如图 3-16 所示。三个研究对象即土、冻土和冻融土，四个物理力学过程即冻结过程、冻土受力变形过程、融化过程、冻融循环过程，其中冻融循环过程考虑土经过冻融前后工程性质的变化，本书将经过冻融循环过程后的土称为冻融土。

3.3.1　土的冻胀和融沉问题

1. 土体的冻结和冻胀

1）土体的冻结

土中通常含有水分，在温度低于冻结温度的时候，水分结冰。由于土中的水分通常含有一定的溶质，再加上细颗粒的电分子力作用，土的冰点通常低于 0℃。典型的土体冻结过程如图 3-17（a）所示。在一定的温度梯度的作用下，土体首先经历一个过冷阶段，此时水尚未成冰。当温度达到 T_{sc} 时，土中会有大量冰晶产生，释放出相变潜热，使土体温度升高并维持在某一稳定的负温 T_f（T_f 称为冻结温度），在此温度下土中的自由水完全冻结。当自由水基本被完全冻结后，土中的结合水开始冻结，土体真正开始降温，此时成为冻土。需要指出的是，冻土中始终有部分液态水存在，如图 3-17（b）所示。不同的土类，冻结时程曲线形态有所差别。

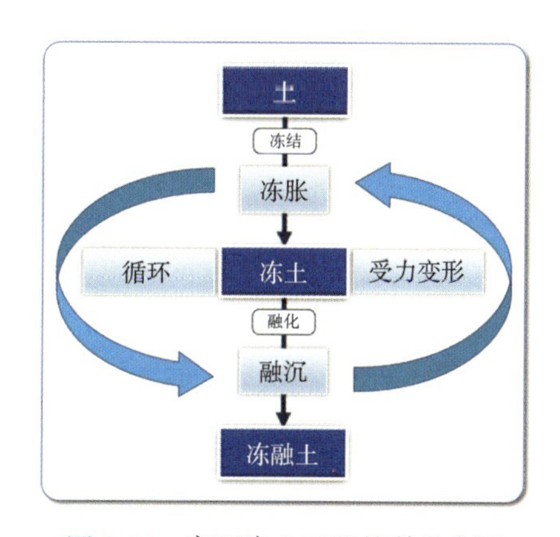

图 3-16　寒区岩土工程的科学内涵

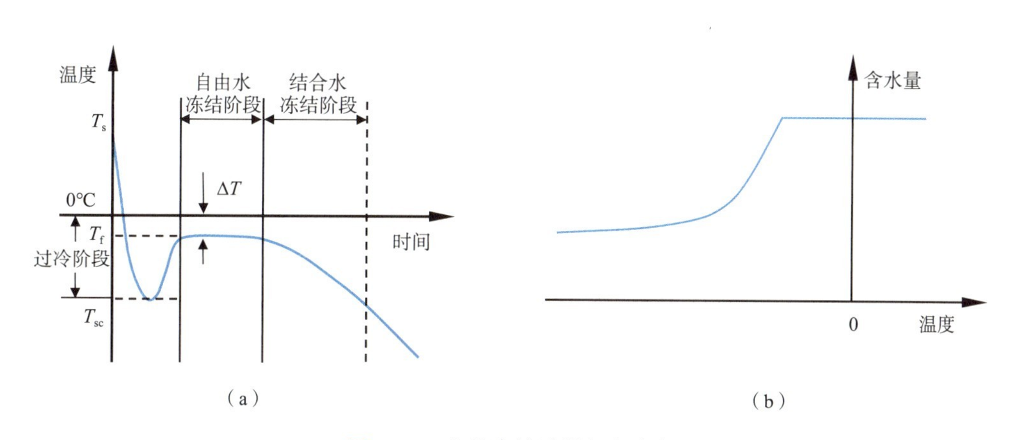

图 3-17　土的冻结过程与未冻水

（a）土的冻结状态；（b）未冻水含量与温度的关系

2）土体的冻胀和冻胀性评价

土的冻胀特性与土质类型、含水率、冻结条件（冻结速度、温度）、水源补给条件、荷载作用等有关。通常情况下，粗颗粒土冻胀性小，甚至不冻胀，而细颗粒土冻胀较大。细颗粒土体冻结时，不仅冻结区域原位的水会结冰膨胀，而且未冻结区域的水会在吸

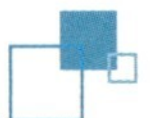

力的作用下向冻结锋面迁移并结晶膨胀。水分向冻结锋面的迁移和冻结，是引起土体强烈冻胀的主要原因。当土体中温度梯度较小时，冻结锋面移动缓慢，土中各处水分有充分时间向冻结锋面聚集、冻结，形成冰透镜体，导致土体发生严重冻胀；当土体中温度梯度较大时，冻结速度很快，土中各处水分来不及转移，仅在原位冻结，冻胀程度较轻微。

可见，土体产生冻胀的主要原因是水分迁移以及冰的析出作用。水分迁移使得大量液态水在冻结锋面附近集中，冰的析出作用使得冻结锋面附近各相成分的受力状况改变，土骨架受拉分离，土体积逐渐增大。在封闭系统中，土体没有外部水分的补给，只有土孔隙中的原位水冻结成冰；在开放系统中，有水分补给的情况下，吸力使未冻结区内水分向冻结锋面迁移并聚集结冰。由此发现，冻胀产生的条件是冻胀敏感性土、温度梯度以及补水条件，其中土性条件是内因，温度梯度和水分补给为外因。这里，水分补给条件是指土体接触液态的地下水。

近年来，出现了一些新的研究发现。姚仰平等研究指出，非饱和土中的水汽迁移可能导致任何土发生冻胀，提出了“锅盖效应”的概念。锅盖效应是指覆盖层土壤中的水汽在温度梯度作用下向上移动，最终凝结成液态水在覆盖层下积累的现象，水冻结成冰会引起冻土地区的冻胀，如图 3-18 所示。本书作者齐吉琳等研究发现，渗流作用下砂卵石土在人工冻结过程中也产生明显的冻胀变形，如图 3-19 所示。以上最新研究成果表明，土中的水汽迁移或者具有压力水头提供的水分补给，可以使任何类型的土发生冻胀，传统的认识需要更新，这也充分说明了环境因素在岩土工程中的复杂性。

图 3-18 机场跑道的“锅盖效应”

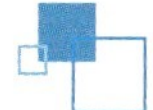

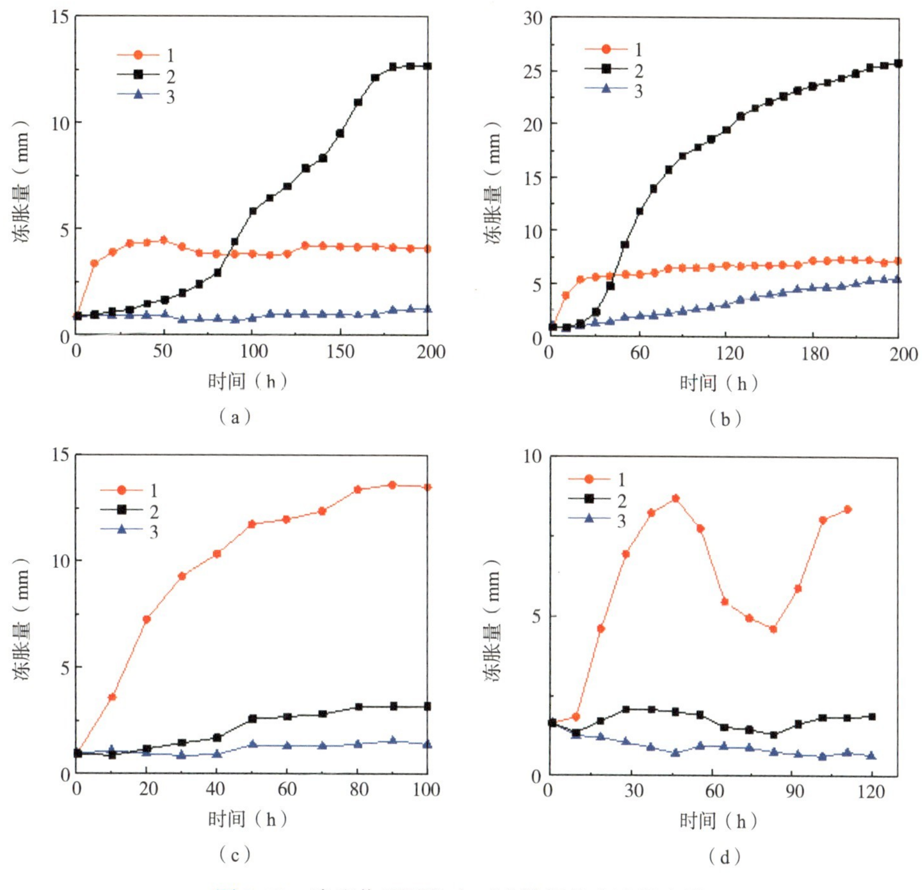

图 3-19　渗流作用下的人工冻结粗粒土冻胀变形

（a）0m/d;（b）3.7m/d;（c）7.4m/d;（d）13.9m/d

《冻土地区建筑地基基础设计规范》JGJ 118—2011 将地表冻胀量与设计冻深的比值定义为冻土层的平均冻胀率 η，其计算如式（3-38）所示。平均冻胀率可以反映土的冻胀敏感性，平均冻胀率越大，单位厚度土层的冻胀变形越大。

$$\begin{cases} \eta = \dfrac{\Delta z}{z_{\mathrm{d}}} \times 100\% \\ z_{\mathrm{d}} = h' - \Delta z \end{cases} \tag{3-38}$$

式中　Δz——地表冻胀量（mm）;

z_{d}——设计冻深（mm）;

h'——冻层厚度（mm）。

对于季节冻土与多年冻土地区的季节融化层，根据平均冻胀率 η 的大小可分为不冻胀土、弱冻胀土、冻胀土、强冻胀土和特强冻胀土 5 类，如表 3-2 所示。

土的冻胀性分类 表 3-2

平均冻胀率 η（%）	冻胀等级	冻胀类别
$\eta \leqslant 1$	I	不冻胀
$1 < \eta \leqslant 3.5$	II	弱冻胀
$3.5 < \eta \leqslant 6$	III	冻胀
$6 < \eta \leqslant 12$	IV	强冻胀
$\eta > 12$	V	特强冻胀

2. 冻土的融化和融沉

1）冻土的融化过程

冻土在温度升高时发生融化并产生沉降变形。冻土试样在没有外荷载作用的情况下发生融化时，其沉降变形一方面来自于冰融为水所产生的体积减小，这是冰和水密度不同导致的；另一方面来自于融化后的土体在自重作用下发生固结，或者粗粒土持水度较小导致的水分排出。冻土在没有外荷载作用下融化产生的沉降称为融沉。在有外部荷载的情况下，融化后的土样在此压力作用下会产生进一步的固结，称为压缩变形，这与融土的固结沉降机理相同。

实际工程中的天然冻土地基通常具有一定的上覆压力，融沉和压缩变形会同时发生。图 3-20（a）是一定压力 p_i 作用下冻土融化压缩的应变时程曲线，由于冻土的模量较大，这里忽略冻结状态下的压缩变形。图中在 t_0 时刻开始融化，到 t_1 融化结束，压缩变形稳定的时间为 t_∞。改变上覆压力，开展多次融化压缩试验，可以得到图 3-20（b）所示的曲线。可以看出，冻土融化后的总变形量可以分为与压力无关的融沉以及与压力有关的压缩变形两部分，其中压缩变形在一定的压力范围内随压力呈近似线性关系。总变形可以按式（3-39）计算。

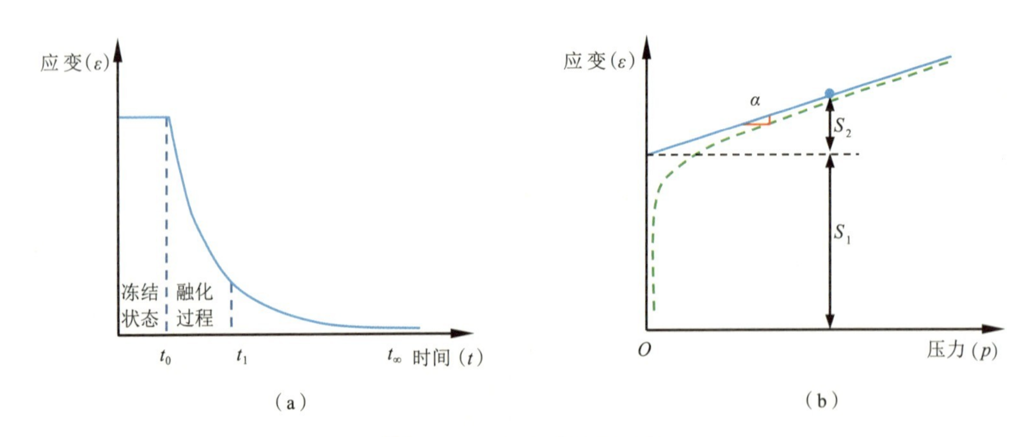

图 3-20 冻土融化压缩过程

（a）融化压缩时程曲线；（b）融化压缩应力应变曲线

$$S = S_1 + S_2 = A_0 h + \alpha P h \tag{3-39}$$

式中，第一项为融沉量，取试验中 1kPa 压力下冻土的融化压缩量，A_0 为融沉系数；第二项为压缩变形量，P 为上覆压力，h 为土层厚度，α 为融化压缩系数，代表压缩应变曲线直线段的斜率。

为了便于分析，融沉和压缩变形经常分开来考虑，可以先进行自由融沉试验，再进行压缩试验。其中压缩变形实际上是土的固结，初等土力学中曾经有过详细讲述，本书将着重分析自由融沉部分。

2）土体的融沉和融沉性评价

前述分析中的融沉系数 A_0 反映了融化过程中冻土本身的特性，对工程设计具有重要意义。工程中通常用融沉系数评价冻土的融沉特性，定义为冻土在自由状态下融化沉降量与原始高度之比，计算如式（3-40）所示。《冻土地区建筑地基基础设计规范》JGJ 118—2011 中根据融沉系数的大小，将多年冻土分为不融沉、弱融沉、融沉、强融沉和融陷 5 类，如表 3-3 所示。

$$A_0 = \frac{h_1 - h_2}{h_1} = \frac{e_1 - e_2}{1 + e_1} \times 100\% \tag{3-40}$$

式中 h_1、e_1——冻土试样融化前的高度（mm）和孔隙比；

h_2、e_2——冻土试样融化后的高度（mm）和孔隙比。

多年冻土的融沉性分类 **表 3-3**

融沉系数 A_0（%）	融沉等级	融沉类别
$A_0 \leqslant 1$	Ⅰ	不融沉
$1 < A_0 \leqslant 3$	Ⅱ	弱融沉
$3 < A_0 \leqslant 10$	Ⅲ	融沉
$10 < A_0 \leqslant 25$	Ⅳ	强融沉
$A_0 > 25$	Ⅴ	融陷

从融沉系数的定义可以看出，A_0 仅考虑自重应力的影响。影响冻土融沉系数最重要的因素是含水率和干密度，此外还有粒度成分和液塑限。对于饱和冻土来说，含水率和干密度是一一对应的。然而，在工程实际中，冻土可能是不饱和的，也可能含冰量太高土颗粒分散分布在冰中，处于所谓过饱和状态。因此，需要分别考察含水率和干密度与融沉系数的定量关系。目前，对于冻土的融沉机理研究基本清楚，且具有广泛认可的规律和理论描述。

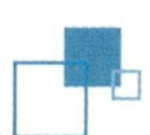

必须认识到，融化和固结是两个不同的物理力学过程，融化是固结的先决条件，两者不是必然同时发生或同时完成的。融化和固结不同步的问题在多年冻土地区的融沉中尤为突出。本书作者研究发现，多年冻土地区的道路经过长时间运行，在气候变化和工程活动的共同作用下，路基下可能出现一个已经融化但是未完成固结的“融化夹层”（以下简称“夹层”），如图 3-21 所示。地层顶部的活动层在冷季处于冻结状态，当暖季来临，活动层融化，水分向上迁移的通道开放，“夹层”在上覆压力下发生固结，这是活动层融化后“夹层”固结的过程。随着时间的迁移，热量向下传递，在秋季，多年冻土层开始融化并发生固结，这是多年冻土层融化并同时固结的过程。然而，进入冬季后，活动层冻结，水分向上迁移通道再次关闭，融化的多年冻土层中的超静孔隙水压力可能并没有完成消散，继续残留在“夹层”中，如此周而复始。在多年冻土地区，即便下部多年冻土层全部融化，仍然可能观察到由于随季节温度变化发生固结导致严重的路基沉降。因此，多年冻土地区的融化固结问题，要认清参与对象：哪一层土融化，哪一层土发生固结。

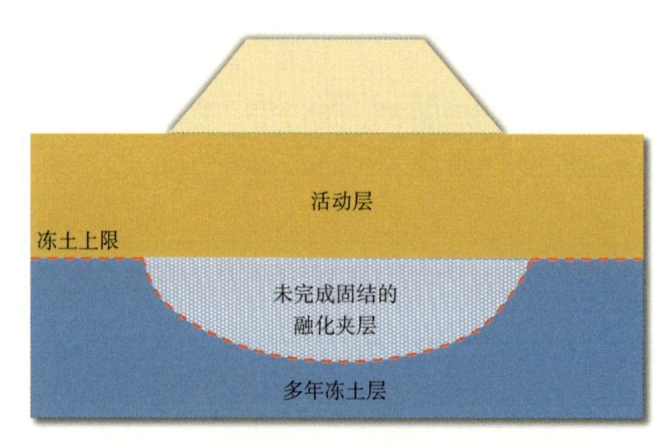

图 3-21　多年冻土地区土层的“融化 – 固结”

3. 土的冻融循环

冻融循环是指寒区陆面发生反复的冻结和融化，是一种物理风化作用，对土的工程性质具有很大影响，会使原状土的结构发生显著改变，进而产生变形或者影响土体稳定性。如果考察其过程，冻融变形包括冻结过程中土的冻胀变形和融化过程中土的融沉变形，在冻胀和融沉中已分别讲述过。冻融循环对土的影响，通常不考虑中间过程，只考虑初始的未冻土和经历冻融循环后又回到融化状态的冻融土。

冻融循环对土的影响有别于对其他材料的影响。冻融作用使低密度土的密度增大，土的结构得到强化，黏聚力和前期固结压力增大；相反，高密度土经过冻融循环后变

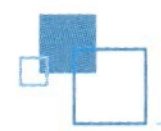

得疏松，土结构被弱化，黏聚力和前期固结压力降低。二者趋向于一个临界干密度，在此密度状态的土，受冻融循环作用后，密度不发生变化，如图 3-22 与图 3-23 所示。无论高密度还是低密度的土，经历冻融循环后，其渗透性都增强，这是因为冻融循环引起土体内部产生裂隙，有利于水的流动。

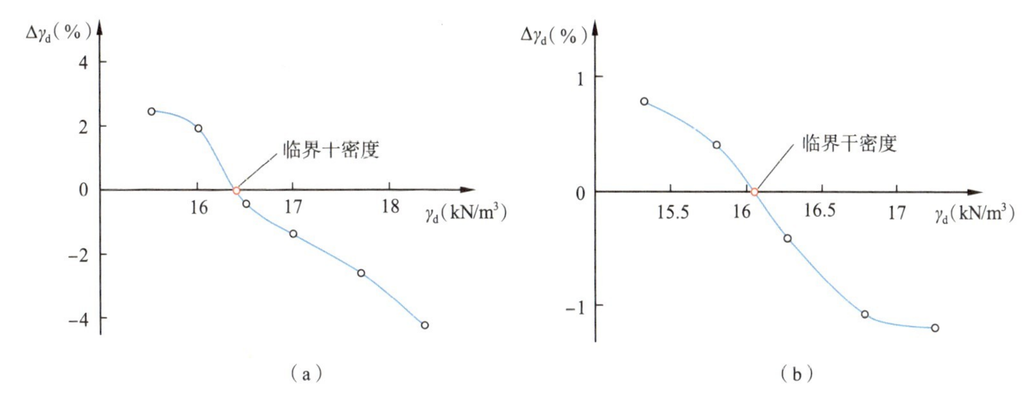

图 3-22　冻融作用对两种土密度的影响

（a）粉质黏土；（b）粉土

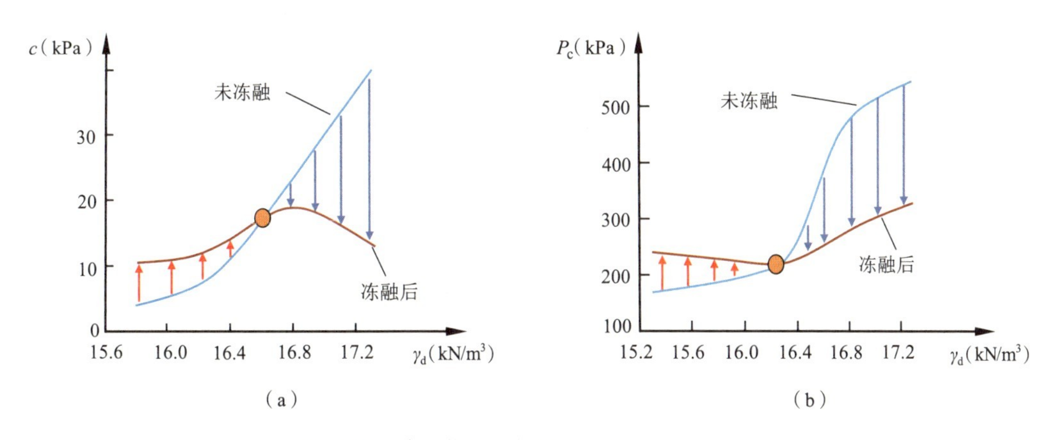

图 3-23　冻融作用对粉质黏土力学性质的影响

（a）对黏聚力的影响；（b）对前期固结压力的影响

冻融作用导致土工程性质的变化机理可以考察低密度土和高密度土。先来看低密度土，试验表明土样在冻结初期发生收缩而非膨胀，如图 3-24（a）所示。这是由于在冻结过程中，吸力导致土中有效应力增大，使土产生压缩变形，而冰晶生长导致的膨胀较弱，难以抵消。冻融之后土的密度增大，土产生超固结效应，土体变得密实，结构得到强化，如图 3-24（b）所示。

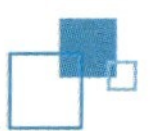

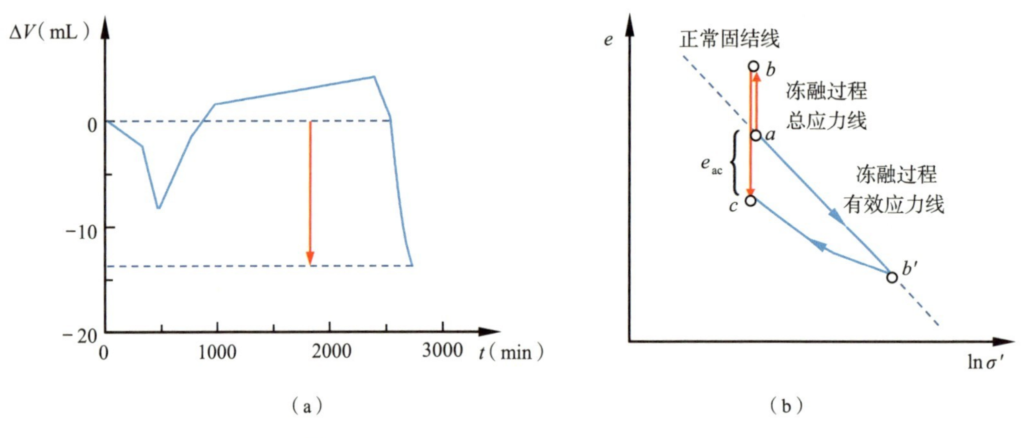

图 3-24 低密度土的冻融时程和应力变化

(a)冻融时程;(b)压缩曲线

本书作者研究了高密度土的冻融作用，试验表明冻融作用导致其密度减小。这是由于在冻结过程中，吸力导致土中有效应力增大，通常不超过前期固结压力，只产生弹性变形，相反，冰晶生长导致土的塑性膨胀变形。因此，冻融循环之后土的密度减小，土体变得疏松，土的结构被弱化，如图 3-25 所示。

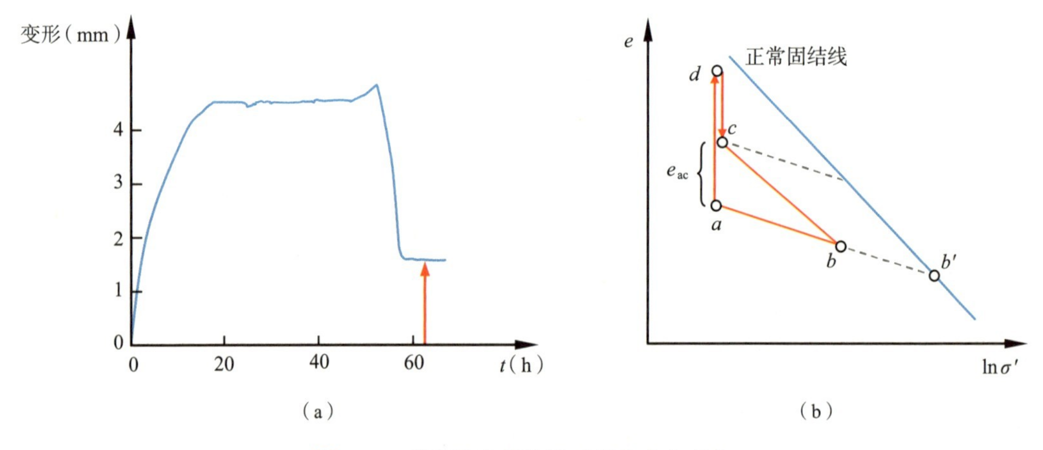

图 3-25 高密度土的冻融时程和应力变化

(a)冻融时程;(b)压缩曲线

冻融循环对土工程性质的影响可以简单归结为吸力导致土体压缩与冰晶生长导致膨胀之间的对比关系。对于低密度土，前者占优势，对于高密度土，后者占优势。土的密度和力学性质随之发生相应的变化。

3.3.2　冻土的受力变形和强度

1. 应力应变特性

1）冻土的压融和压碎

当应力大于10MPa时，冰的熔点会随着压力的增加而降低，最低可达到-20℃。因此，当冻土受到压力作用的时候，颗粒接触点附近产生应力集中，一方面，土中的冰在较高应力的作用下可能发生融化，称为冻土中的压融现象；另一方面，在高应力下，土颗粒可能发生破碎，称为压碎现象。不同颗粒级配的冻土，其压融和压碎表现具有较大差异，在一定温度下对于冻土的力学性质的影响也不同，导致冻土的力学性质比融土复杂得多。

2）冻土的压缩性

土的压缩性是岩土工程中的一个经典课题。在荷载作用下，地基土发生压缩，导致地基沉降。对于冻土而言，在温度相对较低时，冻土的模量很高，在工业与民用建筑工程中一般不会有明显的压缩性，通常不予考虑。随着温度升高，冻土模量降低，高温冻土（接近冻结温度的冻土）的力学特性呈现特殊性，甚至接近于融土。随着全球气候变暖，多年冻土地区的冻土层温度升高，在寒区进行高速公路和高速铁路等对变形要求严格的工程时，就需要考虑冻土的压缩性。研究的方法与融土压缩性相似，可以用固结仪开展试验，获得试验规律。

3）冻土的蠕变

由于冰的存在，冻土具有显著的蠕变特性，在外荷载作用下土体变形随时间而发展，通常用蠕变方程即式（3-41）简化描述蠕变过程中冻土的应力－应变－时间关系，方程中假设总应变 ε 由瞬时应变 ε_0 和蠕变应变 $\varepsilon^{(c)}$ 组成。

$$\varepsilon = \varepsilon_0 + \varepsilon^{(c)} \tag{3-41}$$

式中，ε 为总应变；ε_0 为瞬时应变，其包含弹性和塑性两部分，出于简化考虑假定全部为弹性变形，根据胡克定律确定；$\varepsilon^{(c)}$ 为蠕变应变，通过试验获得经验公式来预测。

冻土的蠕变曲线受温度、应力和土性的影响显著，根据土性与应力条件，可获得三种类型的蠕变曲线，如图3-26（a）所示，其中三阶段蠕变由于变形较大，受到广泛重视。典型的三阶段蠕变曲线如图3-26（a）所示，第Ⅰ阶段属于非稳定蠕变，应变速率逐渐减小，趋向于某一相对稳定值；第Ⅱ阶段属于稳定黏塑性蠕变，应变速率基本恒定，应变随时间变化线性递增；第Ⅲ阶段属于渐进流动蠕变，应变速率逐渐增大，直至发展到破坏，应变速率随时间的变化如图3-26（b）所示。当应力低于冻土

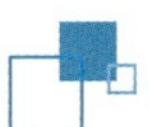

长期强度时，第Ⅱ阶段和第Ⅲ阶段可能不会发生，如图 3-26（a）所示的另外两种蠕变类型。

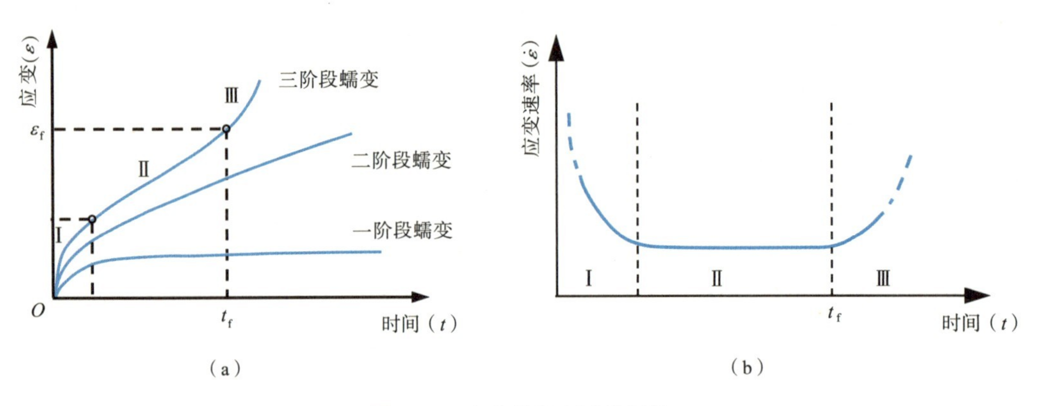

图 3-26 冻土的蠕变试验规律

（a）蠕变的应变与时间关系曲线；（b）三阶段蠕变的应变率与时间关系曲线

2. 强度和破坏

冻土作为一种特殊的岩土材料，其力学性质受到较多因素的影响，冻土的强度比融土更为复杂。一方面，冻土的力学性质与土性、应力状态以及加载速率等有着密切的关系，另一方面，由于冻土中含有冰，温度对冻土的力学性质起到尤为重要的作用。再加上冰与土骨架复杂的相互作用，导致冻土的强度比融土也更为复杂。

冻土强度的发挥与许多因素有关，温度和含冰量具有重要的控制作用。Goughnour 和 Andersland 通过常应变速率下冻结砂土的单轴压缩试验，发现了冻结渥太华砂土的强度随砂粒体积分数的变化规律，如图 3-27 所示。可以看出，冻结砂土的强度主要由冰的强度、土骨架的强度、结构阻力和剪胀效应组成，其中结构阻力主要来自于冰与土骨架的相互作用。

目前已有的冻土强度理论多是由融土的相关理论发展而来，以经验关系为主。冻土学家崔托维奇对不同类型的冻土进行了较快加荷速率下的单轴压缩试验。当温度不低于 −15℃时，温度对冻土强度的影响如图 3-28 所示，提出可以用式（3-42）很好地描述。

$$\tau_f = a + b|T|^n \qquad (3\text{-}42)$$

式中 a，b，n——材料参数；

T——温度。

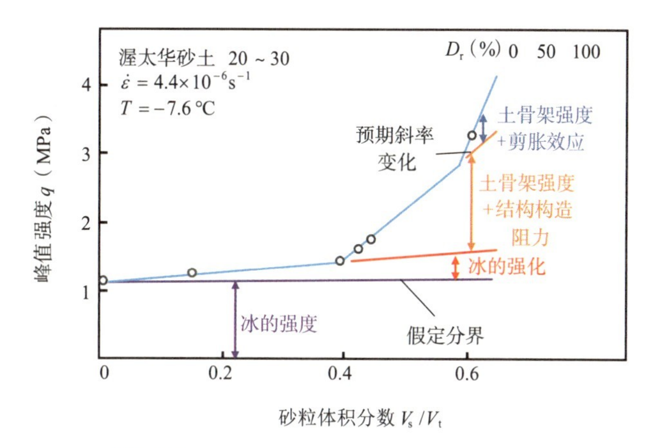

图 3-27　冻结渥太华砂土单轴压缩强度机理

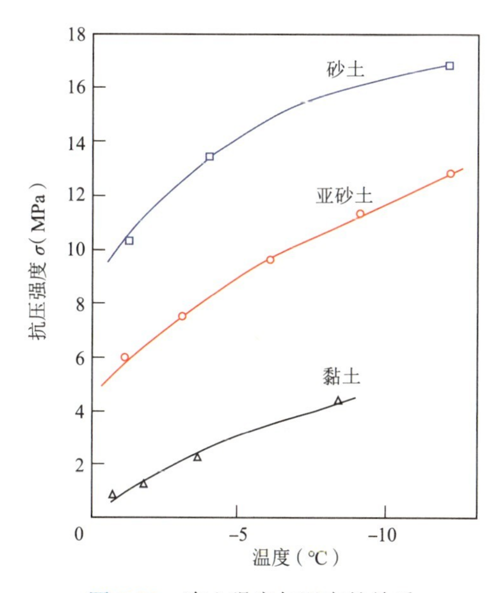

图 3-28　冻土强度与温度的关系

许多学者研究表明，在温度不低于 –30℃的情况下，冻结粉土的强度随温度的降低基本呈线性增大，尤其在应变速率较大的情况下，其强度变化可以用直线近似地描述。

与其他岩土材料相似，应变速率是影响冻土强度的重要因素。我国学者朱元林等对冻结粉质土进行了不同应变速率、不同温度和不同干密度下的单轴压缩试验，试验结果如图 3-29 所示，并提出用式（3-43）对冻结粉土强度与温度的关系进行描述。

$$\tau_f = a + \left|T / T_0\right|^m \tag{3-43}$$

式中　T——试验温度（℃）；

T_0——参考温度，一般选取 –1℃；

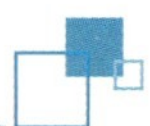

a——具有应力单位的试验参数，与应变速率有关；

m——无量纲参数。

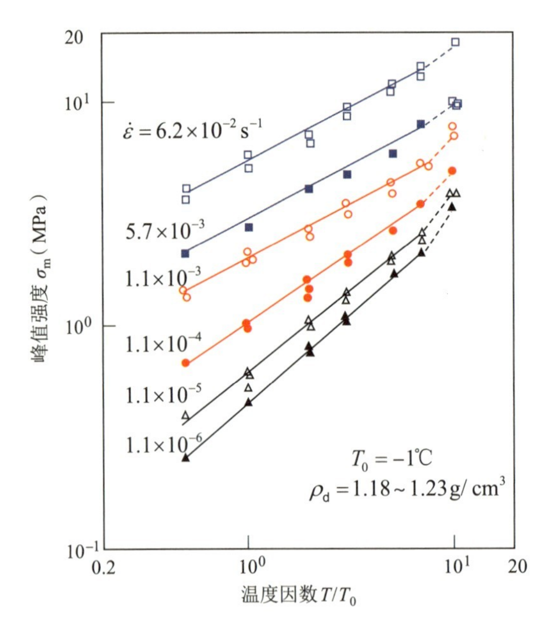

图 3-29　冻结粉土峰值强度 σ_m 与温度因数的双对数图

冻土强度随温度的降低呈幂函数形式增大，不同的研究者所采用的试验对象和试验条件不同，所获得的幂函数的参数 n 略有差异，其变化范围大致在 0.5 和 1 之间；当 n=1 时，冻土强度随温度的降低而线性增大；在缺乏试验数据的情况下，可大致取线性关系。

3.4　岩土工程中的温度效应

通过前文内容的讲述我们可以看出，温度改变对土的工程性质的影响是多方面的，包括土的物理性质、水理性质、水土相互作用、力学性质、土的化学性质和土的热力学性质等。这些性质的改变，必然影响到工程的服役性。为了叙述方便，下面分别介绍正温范围和涉及负温的岩土工程问题。

3.4.1　正温下的工程问题

1. 深地资源开采

随着我国深部地层开采深度继续向下延伸，面临深部坚硬岩石、高地温、高地压和高水压等极端地层环境条件，高温热害成为深地资源开发面临的突出难题之一。深

地资源开发过程中，地层温度以平均 30℃ /km 梯度增加，在地幔与地壳交界处平均厚度 17km，温度达到 500℃。煤炭作为深地资源之一，统计资料表明，我国煤炭总储量的 73.2% 埋深超过 1000m。目前，我国煤炭资源开采深度已突破 1500m 埋深，工作面最高温度达 53℃。深地开采煤炭任务中的高温热害问题主要包括加剧煤岩体性质劣化、诱发支护结构失效和导致高温高湿环境 3 类。如图 3-30 所示，可进一步划分为 7 种灾害形式。

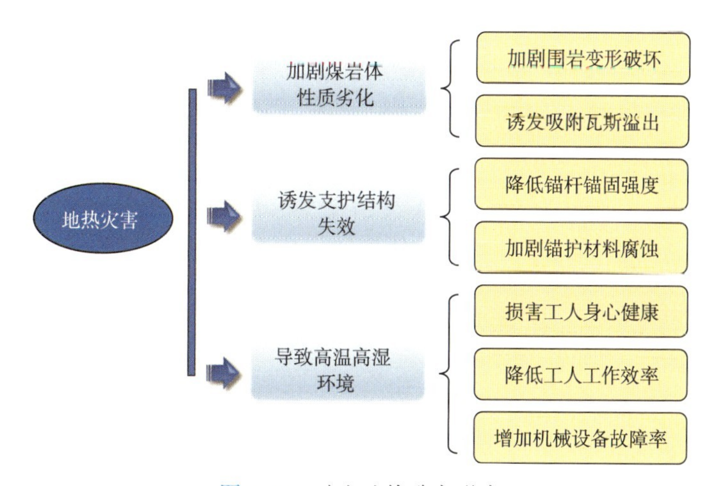

图 3-30　矿山地热致灾形式

此外，在矿山资源开发过程中将产生矿山地热能资源，这是一种稳定可靠、可再生的二次能源，近几年迅速成为备受关注的新型绿色清洁能源。蔡美峰院士提出了“深部矿产和地热资源共采战略”，核心理念是将深部采矿与深部地热开发相结合，大规模提高热储建造的能力，大幅度削减采矿降温成本。通过充分利用矿山地热能资源，有效缓解当前能源压力，大规模减少温室气体排放。

2. 城市热岛效应

城市热岛效应（Urban heat island effect）是指城市中的气温明显高于外围郊区的现象。在近地面温度图上，郊区气温较低，而城区则是一个相对高温区，就像突出海面的岛屿，因此被形象地称为城市“热岛”。城市热岛效应相当于是在城市空间范围内增加了一个人为的温度场，如图 3-31 所示，其对城市环境的影响是全方位的、立体的、浸没性的。可以将其对城市的生态环境、大气环境和地质环境的影响称为 UHIE，影响程度因城市的地理位置、规模、人口、建筑物密度和城市环境保护措施的差异而有所不同。

城市的热岛效应会影响土体的工程性质。如对于城区柏油路覆盖的土层，升温导

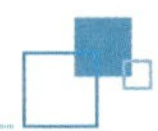

致土中水的蒸发量增加，含水率降低，引起路面变形、开裂和不均匀沉降问题等；对于热水管道附近的地基土，土体温度可达上百摄氏度，由于热固结作用引起体积收缩变形，造成地面沉降；对于冻土，随着季节冻结深度增大，冻土的融沉变形加剧；对于污染土，在高温环境中，化学物性将更加活跃，将加剧污染和腐蚀作用。

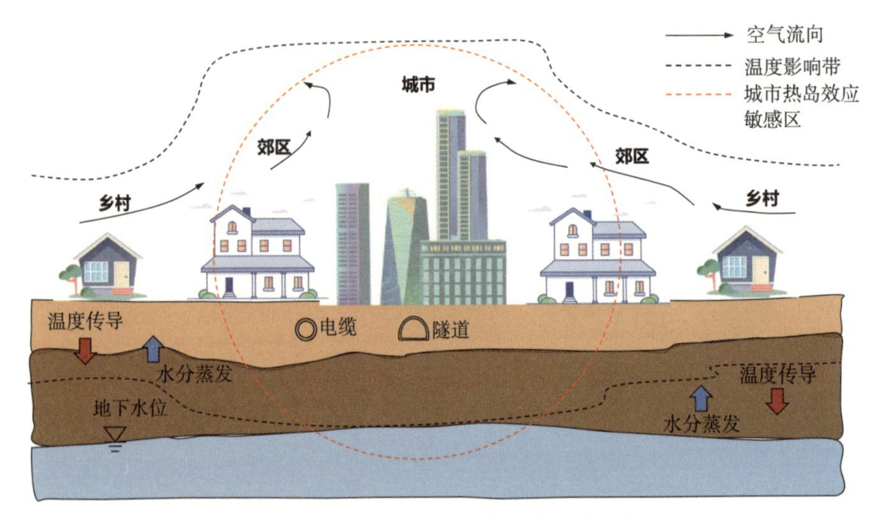

图 3-31 城市热岛效应及其环境影响示意图

3. 高放射性废物深地处置

高放射性废物（简称高放废物）是一种放射性强、毒性大、核素半衰期长并且发热的特殊废物，需要把它们与人类生存环境长期、可靠地永久隔离。目前普遍接受的方案是基于多重屏障系统的深地质处置模式，即把高放废物埋藏在地表以下深 500 ~ 1000m 地质体中。21 世纪以来，我国高放废物深地质处置进入了稳步发展的新阶段。甘肃北山预选区被确定为我国高放废物地质处置库首选预选区，内蒙古高庙子膨润土被确定为我国高放废物处置库的首选缓冲回填材料，并完成了中国北山地下实验室的工程初步设计，如图 3-32 所示。

图 3-32 中国北山高放废物地质处置地下实验室示意图

相关岩土工程涉及高放废物处置库围岩类型以及填充在废物罐和地质体之间的缓冲材料的选择问题。从表 3-4 中可以发现，各国选用的围岩类型主要集中在花岗岩和黏土岩上。基于我国的地质条件等因素，重点选择花岗岩，同时也考虑选择产状平缓、厚度较大且稳定的黏土岩。由于缓冲材料起着工程屏障、水力学屏障、核素阻滞屏障、传导和散失放射性废物衰变热等重要作用，我国拟采用膨润土作为缓冲/回填材料，并初步选出内蒙古高庙子膨润土矿床作为中国高放废物处置库缓冲/回填材料的首选矿床。该矿床储量达1.27亿t，绝大部分为优质膨润土，其蒙脱石含量可达63.77%～80.92%，现已针对其力学特性展开了大量研究。

世界各国高放废物处置库选用围岩类型　　**表3-4**

国家	围岩类型	国家	围岩类型
俄罗斯	花岗岩	韩国	花岗岩
比利时	塑性黏土	匈牙利	黏土岩
保加利亚	黏土	斯洛伐克	花岗岩或黏土岩
加拿大	花岗岩	南非	花岗岩
中国	花岗岩	西班牙	黏土岩、花岗岩
捷克	花岗岩	瑞典	结晶岩
芬兰	花岗岩	瑞士	黏土岩、花岗岩
法国	黏土岩和花岗岩	英国	花岗岩、黏土岩
德国	岩盐或其他	美国	凝灰岩
印度	花岗岩	日本	结晶盐或沉积岩

3.4.2　天然冻土地区工程问题

1. 冻土的分类及分布特征

多年冻土也称永久冻土，指冻结状态持续两年或者两年以上的土或岩石。我国多年冻土总面积约为214.8万km^2，占全国面积的22.4%。主要分布在东北的大、小兴安岭，松嫩平原北部及高山地带和青藏高原上，以及季节冻土区内的高山上。不同地区的多年冻土含冰量不同，导致其物理、力学性质不同。根据冻土的物理、力学性质的不同和对基础工程稳定性的影响，将多年冻土划分为少冰冻土、多冰冻土、富冰冻土、饱冰冻土和含土冰层5种类型。多年冻土地区具有大量的冷生现象以及特殊的冻土地貌，如图3-33所示，在这样的地区进行工程建设时，需要进行特殊的工程地质勘察，并采取针对性的工程措施。

季节性冻土的地表层土冬季冻结，夏季全部融化，其所在地区称为季节性冻土地区。我国季节性冻土地区面积约占国土面积的53.5%，广泛分布于东北、华北、西北地区，其中深季节冻土（冻结深度大于1m）约占我国国土面积的1/3。某年的冻结指数为该年内日平均温度中的负温度累计值，《季节性冻土地区公路设计与施工技术规范》

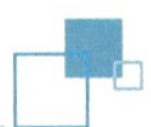

JTG/T D31-06—2017 中，依据冻结指数将季节冻土划分为重冻区、中冻区、轻冻区，如表 3-5 所示。由于季节冻土各地区冰冻程度不一，导致公路路基路面、桥涵及隧道构造物冻害形式和冻害程度各异。

（a）

（b）

（c）

图 3-33 冻土地区的典型冷生现象和冻土地貌

（a）厚层地下冰；（b）热融滑塌；（c）冻胀丘融化

季节性冻土区划分表 表 3-5

冻区划分	重冻区	中冻区	轻冻区
冻结指数 F（℃·d）	$F \geqslant 2000$	$800 \leqslant F < 2000$	$50 \leqslant F < 800$

2. 天然寒区的工程问题

冻土地区工程修建会导致地表与大气间的热平衡发生破坏，传入土中的热量增加，引起多年冻土上限变化，引发多年冻土的退化，导致土体强度急剧降低，并产生融沉变形。多年来，我国各地就冻土地区路基工程、隧道工程、涵洞工程等开展了广泛的研究，期望能够维护冻土环境与工程安全之间的平衡关系。

1）路基工程病害

我国穿越冻土地区的道路数量不断增加，根据监测数据，已建成的哈大、哈齐和兰新等铁路普遍存在路基工程病害。冻土地区路基病害主要有以下三种类型：冬季路基活动层冻结过程产生的冻胀变形，夏季冻结活动层融化过程产生的沉降变形以及多年冻土地基退化和融化引起的沉降变形。在表现形式上，参考青藏公路路基，其冻胀变形主要为中间路基的凸起开裂以及冻胀丘、冰幔、冰堆引起的路面以及边坡的破坏；冻融病害主要表现为路基的横（纵）向开裂、倾斜、变形以及纵向凹陷和波浪沉陷，如图 3-34 所示。

多年冻土地区路基设计应遵循保护多年冻土的原则，严格按照《公路路基设计规范》JTG D30—2015 中的相关规定。以多年冻土地区地温特征值、含水率、路基病害调查资料以及路面类型为依据，同时考虑到全球气候周期性波动对冻土路基的影响，采用不同的设计原则，各类设计原则的适用范围如表 3-6 所示。

（a）

（b）

图 3-34　青藏公路冻土地区路基破坏

（a）路面沉降；（b）路面开裂

多年冻土路基设计原则　　**表** 3-6

设计原则	应用范围
保护冻土	年平均地温低于 α℃的低温相对稳定多年冻土区；通过热学计算研究确信在施工和运营过程中可以保持土的冻结状态和稳定性，冻土人为上限较浅的多年冻土路段
控制融化速率、综合治理	年平均地温高于 α℃的高温多年冻土与岛状冻土区（高温冻土区）；高温多年冻土和岛状多年冻土区中高含冰量地段（高温高含冰量区段）；冻土含冰量低，区域路基病害严重区段（改建、整治工程）；不良冻土地质病害区段（新建工程）
预融冻土	地温较高、冻土厚度较薄的少冰冻土、多冰冻土区段；路基挖方路段
按季节冻土区设计	冻土内的融区

注：α℃为年平均地温阈值，一般在 −1 ~ 0℃之间，需根据区域冻土特征和气候条件确定。

2）隧道工程病害

从目前我国冻土地区的隧道建设情况来看，隧道工程病害的类型主要有衬砌开裂、剥落、挂冰、路面冒水结冰以及洞口处的热融滑塌等。典型的如我国甘肃的嘉峪关隧道，如图 3-35（a）所示，每到冬季排水沟便会冻结导致排水不畅，衬砌背后的积水及含水围岩发生冻胀，导致衬砌混凝土开裂，造成隧道渗漏、路面结冰，严重影响行车安全。新疆 217 国道天山段的玉希莫勒盖隧道，如图 3-35（b）所示，隧道衬砌由于受到反复冻融，破坏非常严重，目前该隧道内已经形成冰塞只能报废。可见，针对隧道工程病害的防治仍没有得到有效缓解，相关理论尚不完善。

在解决隧道冻害这个问题上，我国岩土工程界进行了积极探索，提出两方面防治

措施，即防排水措施和保温措施。从防排水角度考虑，可以灵活选用以下几种排水形式：防寒泄水洞、中心深埋水沟、双侧保温水沟等。从保温角度考虑，可以选择不同防冻隔温层的设计施工方法，包括表面现场喷涂法、表面预制板安装法、双层衬砌中间隔热法等。

（a）

（b）

图 3-35　冻土地区隧道工程病害

（a）甘肃嘉峪关隧道清除冰柱；（b）新疆玉希莫勒盖废弃隧道

3）涵洞工程病害

涵洞作为线路工程中必不可少的结构物，是为解决公路路基经由洼地或需要跨过水沟时所设置的横穿路基的小型地面排水结构，对线路运营起着重要作用。仅青藏铁路沿线涵洞的数量就高达 621 座。2006 年交付运营后，青藏铁路多年冻土地区涵洞冻融病害时有发生，并有发展趋势。如图 3-36 所示，涵洞地基土的冻胀融沉，已经引起涵洞沉降严重、涵节错位、八字墙破坏、涵洞顶部渗水、涵洞洞内积水及寒季积冰等问题，导致部分涵洞濒临失效。

（a）

（b）

（c）

图 3-36　青藏铁路多年冻土区部分涵洞病害

（a）涵节开裂漏土；（b）涵节底部过水；（c）八字墙开裂

重视涵洞地基基础和结构的合理设计，提高涵洞的使用技术性能非常重要。在多年冻土地区设计涵洞基础时，应控制上限变化深度在一定范围内，以保证涵洞结构物的稳定性。确定涵洞的基础埋置深度应根据冻土类型（年平均地温）、天然上限以及涵洞修筑后人为上限变化规律、涵洞结构类型等因素，按出入口段、过渡段以及涵身中间段计算确定。选择涵洞结构的类型应遵循两个原则，一是尽量减少对基底多年冻土的热扰动，以能快速施工作为主要条件之一；二是根据基底多年冻土类型选择基础类型，选择适应变形能力较强的结构。

3.4.3　地层人工冻结工程

1862 年，英国人在南威尔士的建筑基础施工中，首次采用了人工制冷技术来加固土壤，从此揭开了人工冻结法在工程中应用的序幕。1955 年，我国首次采用人工冻结法开凿开滦煤矿林西风井，并取得圆满成功，此后冻结法在矿井施工中得到了大力推广。经过一百多年的发展，目前已经形成了一项专门的工程冻结施工技术。据不完全统计，进入 21 世纪后，上海地铁 90% 的地铁联络通道和越江隧道中联络通道均采用冻结法施工，人工冻结法迎来了蓬勃发展的时期。

1. 概念及工作原理

人工冻结法加固地层的原理是利用人工制冷的方法，将低温冷媒送入开挖体周围的含水地层中，使地层中的水在低于其冰点的温度场内不断冻结成冰，从而把地层中的土颗粒用冰胶结，形成强度高、弹模大和抗渗性好的整体结构（冻结壁），如图 3-37 所示。有效隔绝地下水与结构的联系，在冻结壁的保护下进行通道开挖和结构施工。该方法适用于松散的不稳定的冲积层、裂隙性含水岩层、松软泥岩、含水率和水压特大的岩层。

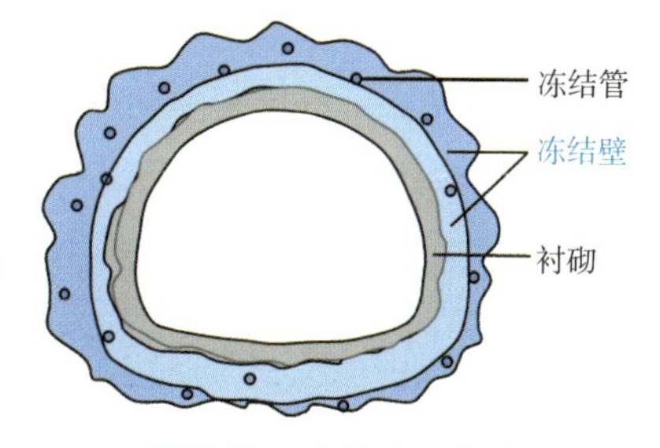

图 3-37　冻结壁示意图

冻结法施工通常分为三个主要时期：积极冻结期、维护冻结期和解冻期，各时期的特点及任务如下。

1）积极冻结期

冻结开始时，各个冻结管的周围先形成各自的冻结圆柱并不断向外扩展，随着冻结的发展，各个冻结圆柱交圈连成一片形成冻结壁，其强度随土体平均温度的降低而逐步增大，直至达到设计要求。

2）维护冻结期

本阶段的主要目的是补充土体损失的冷量，继续保持地层低温状态，使冻结壁进

一步加厚并稳定，确保其支护和防渗功能。

3）解冻期

在地层开挖以及永久结构施工完成后，逐步停止冷冻液循环，使冻结壁缓慢融化，安全、有序地恢复地层原有的温度和状态，进行设备拆除完成施工过程。

冻结壁是冻结法施工的核心，其强度和厚度随时间的推移而增加，通过探讨冻结壁的形成规律及其厚度，进一步对冻结温度场进行分析，可以确保隧道和地下工程施工安全和质量。冻结壁中的等温线分布如图 3-38 所示。

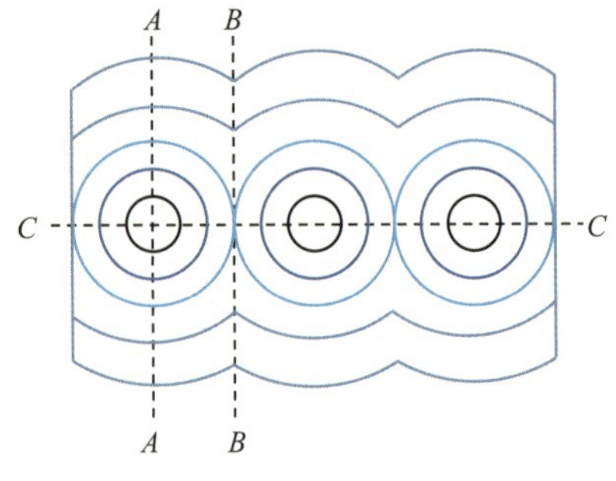

图 3-38 冻结壁中的等温线分布

2. 关键技术

1）地层冻结设计

地层冻结设计主要包含冻土结构设计和冻结三大系统（制冷、冷媒和冷却水）设计。冻土结构设计可以直接采用类似结构设计既有的力学模型和对应的设计公式，除了要考虑抗滑、抗倾、抗隆起和抗渗透外，还需要考虑冻土本身的物理力学特点等（主要是冻土的强度、弹性模量、泊松比、蠕变特性和冻胀 / 融沉特性等）。冻结系统设计涉及整个冻结设备、冷媒及其循环系统、冻结温度和制冷方式等选型和设计，相关联的设计要素需要相互协调。由于地层冻结法具有灵活性、选择性多等特点，因此对某一具体工程，可以比较多种冻结方案的可靠性，选择最优的设计方案。

2）监测技术

准确监测人工冻结法施工过程中的各项参数可以及时发现和预警异常压力变化，防止围岩失稳或结构破坏，降低施工风险，提供有效的决策支持。人工冻结法施工过程中涉及的关键监测技术包括盐水温度监测、冻结土体冻胀力监测、冻结壁变形监测技术等。其中，监测盐水温度可以直接反映系统的异常；监测冻结土体冻胀力，可以保证在允许范围内不会对邻近环境产生破坏影响；监测冻结壁的厚度与形状，可以反映井壁质量保证施工安全，确保片帮和冻结管没有发生断裂。

3）风险防控技术

冻胀、融沉是人工冻结法施工中不可避免的现象，如何有效地减小冻胀、融沉量，减轻对周围环境的影响，关系着冻结法的应用效果。目前，冻结法施工过程中减小冻胀量的主要措施有安置卸压孔、预留冻胀空间和边界冻结孔热循环等。减小融沉量的主要措施有人为加速地层融化速度和地层注浆等。实际上，由于人工冻结工程的复杂性和多样性，目前仍然主要靠经验来选择和实施风险防控措施。

3. 工程应用

1）特殊地层凿井、基坑和挡土墙加固

1955 年开凿的开滦煤矿林西风井是我国第一个采用冻结法施工的竖井，井筒全深 111.95m，净直径 5m，井筒穿过 50.7m 第四纪冲积层。2011 年使用冻结法建设的甘肃省核桃峪矿副立井，井深 1005m，净直径 9.0m，冻结深度 950m，超过英国石膏矿立井冻结深度 930m 的世界纪录。

2）盾构隧道盾构进出洞周围土体加固

武汉地铁 2 号线江汉路站 – 积玉桥站越江区间隧道冻结工程，盾构隧道外径为 6.20m，设置 5 条联络通道，其中两条位于长江水下，分别采用水平和倾斜孔冻结方式与双圈布置冻结孔的方式。

3）地铁、公路隧道联络通道及泵站施工

上海大连路越江隧道黄浦江下 1 号、2 号联络通道冻结工程，采用水平和倾斜孔冻结方式，同时对冻土地区及其周围的环境进行温度、压力和变形等多项的实时监测。采取综合冻胀和融沉防治技术，有效地控制了冻胀和融沉对已建隧道的影响。

4）两段隧道地下对接时土体加固

北京复八线地铁（现北京地铁 1 号线）“大—热”区间南隧道施工时，拱顶遇到饱和含水的粉细砂层，此段隧道地处国贸桥下，又有多条地下管线，为了确保地下管线和地面交通的正常使用和安全运行，采用水平冻结法施工。

5）用于特殊地段工程事故处理或抢险修复

安徽凤台淮河大桥是一座斜拉桥，由于岩层倾角的影响，沉井刃脚周围发生涌沙、涌水，沉井四周地表下陷，无法继续施工，采用其他各种封堵措施无效，采用人工冻结法进行处理，取得圆满成功。

冻结法施工现场如图 3-39 所示。

图 3-39　冻结法施工现场

思考与习题

3-1 传热有哪几种基本形式？列举日常生活及工程实际中的例子。

3-2 简述热容量、导热系数、导温系数及传热系数的定义，以及与哪些因素有关。

3-3 从对流换热的机理角度解释为什么可以运用傅里叶定律和牛顿冷却定律建立对流换热微分方程。

3-4 从现象和机理的角度简述温度如何影响不同超固结比黏土的体变。

3-5 冻土区别于其他土的重要特征是什么？冻土有哪些分类？

3-6 什么是土的冻胀和融沉？其产生的机理是什么？

3-7 为了测量某材料的导热系数，用该材料制成一块厚5mm的平板试件，平板的长度和宽度远大于厚度，在平板的一侧采用电热膜加热，并保证所有的加热热量均通过该侧传至平板的另一侧。在稳定状态下，测得平板两侧表面的温差为40℃，单位面积的热流量为9500W/m^2，试确定该材料的导热系数。

3-8 一台输出功率为750W用于水中工作的电阻加热器，总暴露面积为0.1m^2，在水中的表面对流换热系数为h=200W/（m^2·K），水温为37℃，试确定在设计工况下加热器的表面温度。

第4章 土的水分效应

导读：本章首先讲述土中水的赋存状态和渗透流动规律，随后介绍土中与水相关的三种力，即静水压力、浮力和渗透力，最后介绍工程中经常遇到的水敏性较强的两种特殊土，即膨胀土和黄土的力学性质及工程问题。

第1章主要介绍了环境土力学的基本概念和科学问题，我们认识到土力学研究土的强度、变形和渗透三大问题，需要充分考虑“热、力、水、化、生”等环境效应。水是土的三相之一——液相的主要成分，即土本身含有水分。同时，土是一种多孔介质，能够允许水分渗透流过，这是土区别于其他材料的重要特点。因此，水是环境土力学中的一个非常重要的要素，本章将首先讲述土的水分效应。

土力学中一般采用饱和度和含水率两个参数来描述土中含水的多少。饱和度指土中水的体积与土中孔隙体积之比，反映了水对土中孔隙的填充情况。当土中孔隙全部被水充满时，饱和度等于1，此时土被称为饱和土；当土的孔隙中同时存在水和气体时，饱和度小于1，此时土被称为非饱和土。含水率指土中水的质量与土颗粒质量之比，是土重要的物性参数之一。随着含水率的变化，水在土（尤其是细粒土）中的主要赋存状态会发生显著变化。例如，在含水率低的干燥黏土中，水主要以强结合水的形态存在，使得干燥黏土表现出较高的模量和承载能力；在含水率高的饱和黏土中，水主要以自由水的形态存在，使得饱和黏土可能呈稀泥状，几乎无承载力。可见，水是土工程性质的重要控制性因素。

土中水在水头差的驱动作用下产生渗流。在土体与周围环境通过渗流交换水分的过程中，一方面，水对土骨架产生拖曳力，影响土体的强度和变形，甚至诱发管涌和流土等渗流破坏问题；另一方面，水使得土体与环境之间交换化学物质，导致土体软化或胶结，改变土的工程性质。因此，渗流是土工程性质的重要影响因素。

岩土工程中的水分效应更为直接地表现在某些水敏性较强的特殊土中，如膨胀土和黄土（图4-1）。膨胀土由于固相成分的特殊性，遇水发生显著膨胀，失水发生显著收缩；黄土由于其特殊的架空结构以及钙质胶结，遇水后发生较大的附加沉降变形。

这些特殊土在水分效应的作用下，力学性质发生较大改变，进而引发诸多工程问题，需要专门研究。

（a）

（b）

图 4-1　膨胀土与黄土

（a）膨胀土;（b）黄土

4.1　土中水的赋存

4.1.1　水的三种赋存状态

土中的水可以以固态、液态和气态三种形式存在。固态水是温度较低时由液态水结成的冰；气态水是水蒸气，可以看作土中的气相，通常不单独研究；液态水在土中普遍存在，对土的物理力学性质具有重要影响，主要分为结合水和自由水两大类，具体分类如图 4-2 所示。

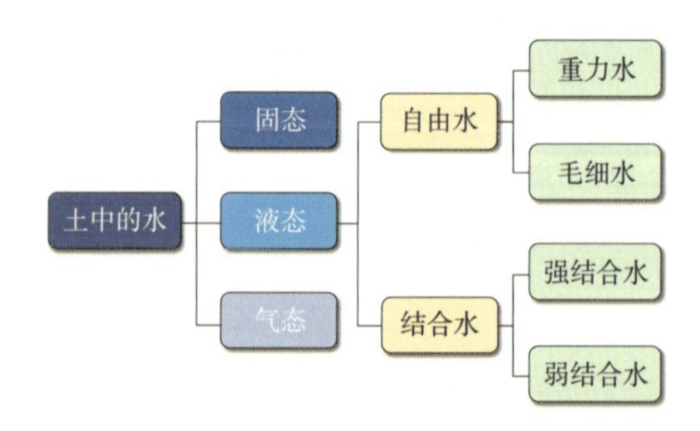

图 4-2　土中水的分类

受到土颗粒表面电分子吸引力作用而被吸附在土颗粒表面的水，称为结合水。根据所受吸引力的大小，可进一步细分为强结合水和弱结合水。强结合水是紧贴土颗粒

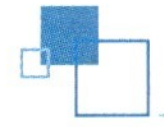

表面的结合水膜，属于固定层中的水，其性质与固体非常接近，不能自由流动，只有转化为水蒸气后才可以移动。当仅含有强结合水时，黏土呈固态或半固态。弱结合水是紧靠在强结合水外围的结合水膜，属于扩散层中的水。由于弱结合水受到的土颗粒吸引力较弱，水分子能够在弱结合水膜内发生移动，从水膜较厚处缓慢移动至水膜较薄处。当含有弱结合水时，黏土具有一定的可塑性。强结合水和弱结合水均不能传递静水压力，不具有溶解能力，且其冰点均低于0℃。

存在于土粒表面电场影响范围以外的水称为自由水，其性质和正常水一样，能传递静水压力，有溶解能力。自由水按其移动时所受作用力的不同，分为重力水和毛细水两大类。重力水是在重力作用下自由流动的自由水，存在于地下水位以下的透水层中，对土颗粒有浮力作用，对基坑开挖及地下工程建设会产生不利影响；毛细水是受水与空气交界面处表面张力作用的自由水，存在于地下水位以上的透水层中。在实际工程中，毛细水上升引起地下室过分潮湿以及地基土浸湿、加剧冻胀等问题，因此需要注意毛细水的上升高度和上升速度。

4.1.2　非饱和土力学概述

1. 基质吸力的概念

在非饱和土中，由于毛细作用和吸附作用引起的颗粒间的吸力一般称为基质吸力，这是非饱和土中特有的现象。其中，毛细作用主要来自于气－液交界面，由表面张力产生，如图4-3（a）所示，吸附作用主要出现在土颗粒吸附水膜中，由电场力和范德华力产生。在引发基质吸力的这两个作用中，具体哪个作用占主导地位与土质和含水率密切相关。

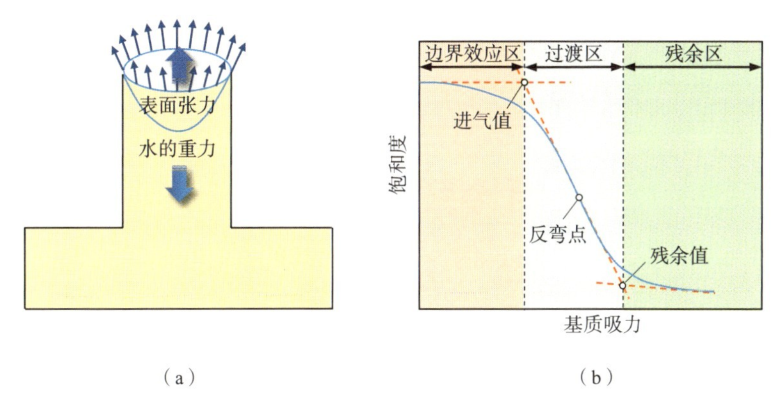

图4-3　毛细作用及土水特征曲线示意图

（a）毛细作用；（b）土水特征曲线

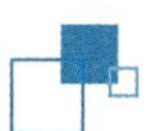

基质吸力通常利用土水特征曲线描述，该曲线表征了基质吸力与含水率之间的关系。在半对数坐标系中（即基质吸力为对数轴），土水特征曲线上存在两个特征点，即进气值和残余值，如图 4-3（b）所示。进气值对应土在脱湿过程中孔隙开始出现气体时的吸力，当基质吸力大于进气值时，相应地土进入非饱和状态；残余值指土在脱湿过程中含水率降低速率开始减小时的临界点，当基质吸力超过残余值后，土中水以结合水为主，没有自由水。进气值和残余值两个特征点将土水特征曲线划分为边界效应区、过渡区和残余区。不同分区意味着诱发基质吸力的作用不同，过渡区主要以毛细作用为主，而残余区以吸附作用为主。由于边界效应区的饱和度较高，其基质吸力较弱，可基本忽略不计。

2. 基质吸力的测量

目前，测量基质吸力的成熟方法有张力计法、压力板法和滤纸法。随含水率或饱和度的变化，基质吸力的变化范围较大，在不同的吸力范围需要采用不同的测量方法。当基质吸力较低时，可采用张力计法或压力板法，当基质吸力较高时，可采用滤纸法。

1）张力计法

张力计主要由陶土头、集气室和压力量测装置组成，如图 4-4 所示。将张力计充满水并密封后插入土中，由于非饱和土具有基质吸力，使得陶土头周围的土将张力计中的水吸出，并在陶土头内产生吸力。陶土头的吸力由压力量测装置测得。当土的基质吸力与陶土头的吸力达到平衡，即可获得土的基质吸力。张力计法适用于测量较小的基质吸力值，根据传感器不同，目前已开发出不同形式和功能的张力计。

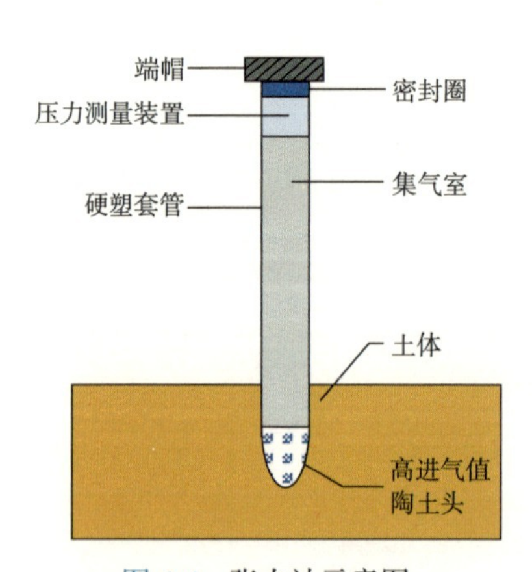

图 4-4 张力计示意图

2）压力板法

压力板法测试系统主要由高进气值陶土板、排水管及压力量测装置等组成，如

图 4-5 所示。将饱和试样置于密闭压力室内的高进气值陶土板上，并在上方施加 1kg 的压块使土样与陶土板接触良好。陶土板下方有一排水管，供土样排水使用。通过施加气压 u_a，土样可以通过高进气值陶土板排水直到平衡（即孔隙水压力为零），此时空气压力室内的气压力即为土的基质吸力。压力板法可量测的基质吸力值与陶土板进气值有关，通常情况下不超过 1500kPa。

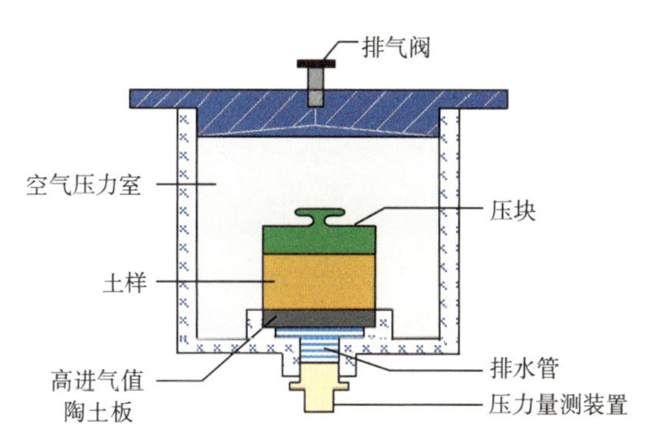

图 4-5　压力板测试系统示意图

3）**滤纸法**

滤纸法可用来测量较大范围的基质吸力，属于一种测量基质吸力的间接方法。滤纸法试验装置示意图如图 4-6 所示，当土与上方滤纸之间的水分或水蒸气交换达到平衡后，土体含水率与滤纸含水率近似相等。通过测出滤纸的含水率，再根据滤纸含水率与吸力之间的关系间接获得被测土样的吸力。滤纸法可量测土体中的基质吸力和总吸力，取决于滤纸和土是否直接接触。当滤纸与被测土直接接触时，水从土中进入滤纸并达到平衡，此时所测吸力为基质吸力；当滤纸与被测土不接触时，水蒸气从土中进入滤纸并达到平衡，此时所测吸力为总吸力。

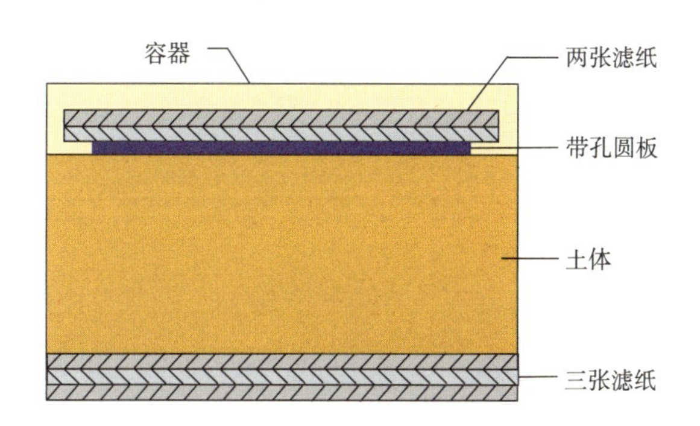

图 4-6　滤纸法试验装置示意图

3. 非饱和土的有效应力

在太沙基有效应力原理基础上，结合非饱和土的特性，提出了多种非饱和土有效应力表达式，主要分为单应力变量表达式和双应力变量表达式两大类。

1）单应力变量表达式

Bishop 于 1959 年提出了如下的非饱和土有效应力公式（简称 Bishop 有效应力）

$$\sigma' = (\sigma - u_a) + \chi(u_a - u_w) \tag{4-1}$$

式中　σ'、σ——有效应力和总应力；

u_a、u_w——气压力和水压力；

（$\sigma - u_a$）——净应力；

（$u_a - u_w$）——基质吸力；

χ——有效应力参数，其值取决于饱和度或者基质吸力，取值范围为 0 ~ 1。

当土完全干燥时，$\chi=0$；当土完全饱和时，$\chi=1$，此时 Bishop 有效应力公式退化为太沙基有效应力公式。Bishop 有效应力公式简单，易于被工程师掌握，目前已在工程实践中得到了广泛应用。

2）双应力变量表达式

由式（4-1）可见，Bishop 将有效应力 σ' 看作由净应力（$\sigma - u_a$）和基质吸力（$u_a - u_w$）两部分组成，将两部分以一定比例组合到一起，即形成了单一的有效应力 σ'。这种单变量表达式不仅形式简单，而且与太沙基有效应力公式类似。但是，单变量表达式存在两个问题。一是有效应力参数 χ 缺乏物理意义，通常认为 χ 与土质类型、饱和度以及土的结构等有关，但是尚缺乏对 χ 准确合理的物理解释；二是 χ 的取值难以确定。为了避免上述问题，可采用双应力变量来计算有效应力。

双应力变量法最早由 Coleman 于 1962 年提出，即使用两个独立的应力变量（σ'）$_1$ 和（σ'）$_2$ 来描述非饱和土的有效应力，但该建议未受到重视。直到 1977 年，Fredlund 和 Morgenstern 通过大量试验证明了双应力变量法的便捷性，这一方法才逐渐被人们所接受。在双应力变量法中，存在三种可能的应力变量组合，即

$$\begin{cases} (\sigma')_1 = \sigma - u_w \\ (\sigma')_2 = u_a - u_w \end{cases} \tag{4-2}$$

$$\begin{cases} (\sigma')_1 = \sigma - u_a \\ (\sigma')_2 = u_a - u_w \end{cases} \tag{4-3}$$

$$\begin{cases} (\sigma')_1 = \sigma - u_a \\ (\sigma')_2 = \sigma - u_w \end{cases} \tag{4-4}$$

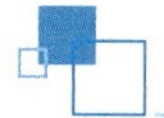

在以上三种组合中，($\sigma - u_a$) 和 ($u_a - u_w$) 的组合常被应用于科学研究和工程实践领域。一方面，这个组合可以将总应力造成的影响与孔隙水压力造成的影响区分开来，另一方面，孔隙气压力一般可认为等于大气压。使用 ($\sigma - u_a$) 和 ($u_a - u_w$) 两个变量简单合理，便于应用。双应力变量法避免了 Bishop 有效应力存在材料参数的问题，目前已经被广大研究者所接受。

4.2　土中水的流动

当土中不同位置存在水头差时，土中的水就会在势差的作用下透过土体从水头高处向水头低处流动。水在土孔隙中的流动称为土的渗流。土的渗流通常分为稳态渗流和非稳态渗流。对于稳态渗流，其渗流场内任一点的水头和渗透系数均不随时间而变，任一点的水流入量和流出量都相等；对于非稳态渗流，其渗流场内任一点的水头或渗透系数随时间变化，任一点的渗流量等于某一时段内流入和流出该点土微元体的水体积的差值。下面分别介绍稳态渗流和非稳态渗流。

4.2.1　稳态渗流

1856 年，法国工程师达西为了研究水在土中的流动规律，对均匀砂土进行了大量渗透试验（图 4-7），得到了层流条件下土中水的渗流速度与水头损失之间的定量关系，即达西定律。

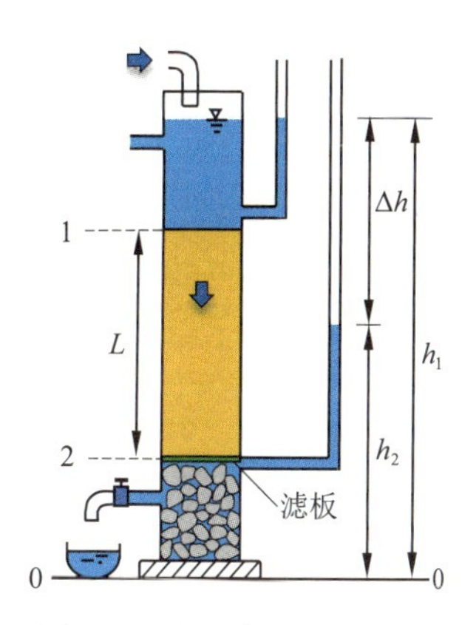

图 4-7　达西渗透试验装置

在图 4-7 中取 0-0 为基准面，h_1、h_2 分别为 1、2 断面处的测管水头，则 Δh 为经过砂样渗流长度 L 后的水头损失。达西定律常用来描述饱和土的稳态渗流规律，通过

不同条件下的渗透试验发现，水在单位时间内从砂土中流过的渗流量 q 与过水断面面积 A 和水头损失 Δh 成正比，与渗流路径长度 L 成反比，即

$$q=\frac{Q}{t}=k\frac{\Delta h}{L}A=kAi \tag{4-5}$$

或者表示为

$$v=\frac{Q}{At}=\frac{q}{A}=ki \tag{4-6}$$

式中 Q——渗流量；

q——单位时间的渗流量；

t——时间；

v——渗流速度；

k——渗透系数，反映土透水能力的比例系数；

i——水力梯度，即单位渗流路径长度上的水头差，定义为 $\Delta h/L$。

在上述渗透试验中，水仅沿着竖向在土中流动，属于一维渗流，可采用达西定律进行渗流计算。而实际工程常常遇到更为复杂的二维或三维渗流问题，水沿着两个方向或者三个方向在土中流动，例如，基坑井点降水问题。对于稳态渗流，渗流场中任意一点的总水头 h 仅取决于其位置坐标（x，y，z），而与时间无关。根据一维渗流的达西规律，可导出三维条件下的广义达西定律。

$$v_x=-k_x\frac{\partial h}{\partial x},\quad v_y=-k_y\frac{\partial h}{\partial y},\quad v_z=-k_z\frac{\partial h}{\partial z} \tag{4-7}$$

式中 v_x、v_y、v_z——水沿 x、y、z 方向渗流的流速；

k_x、k_y、k_z——三个坐标方向的渗透系数。

在饱和土体中，渗透系数一般被视作常数，不随空间发生变化。在非饱和土体中，由于不同位置处含水率的不同，渗透系数不是常数，通常表达成基质吸力水头 h_m、基质吸力 Ψ、饱和度 S 或体积含水率 θ 的函数。非饱和土中的总水头 h_t 包括重力水头 h_g、基质吸力水头 h_m 和渗透水头 h_o，即

$$h_t=h_g+h_m+h_o \tag{4-8}$$

或者

$$h_t=z+h_m+h_o \tag{4-9}$$

式中 z——竖向高度。

则三维条件下非饱和土的达西定律可表示为

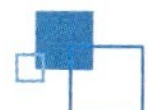

$$v_x = -k_x(h_m)\frac{\partial h_t}{\partial x},\ v_y = -k_y(h_m)\frac{\partial h_t}{\partial y},\ v_z = -k_z(h_m)\frac{\partial h_t}{\partial z} \tag{4-10}$$

式中　$k_x(h_m)$、$k_y(h_m)$、$k_z(h_m)$——x，y，z 三个方向上的渗透系数函数。

根据质量守恒定律可知，稳态渗流中通过土体空间内任意单元上的净流量等于 0，且与时间无关。

$$\nabla(k\nabla h_t) = 0 \tag{4-11}$$

当只考虑基质吸力 h_m 和重力水头 h_g 的作用，而忽略渗透水头 h_o 的作用时，结合达西定律和质量守恒定律可得到二维稳态渗流的控制方程。

$$\frac{\partial k_x}{\partial x}\frac{\partial h_m}{\partial x} + \frac{\partial k_z}{\partial z}\left(\frac{\partial h_m}{\partial z} + 1\right) + k_x\frac{\partial^2 h_m}{\partial x^2} + k_z\frac{\partial^2 h_m}{\partial z^2} = 0 \tag{4-12}$$

4.2.2　非稳态渗流

对于非稳态渗流，其渗流场内任一点的水头或渗透系数均随时间变化，任一点的流量等于某一时段内流入和流出该点上微元体的流体体积的差值，即

$$-\rho_w\left(\frac{\partial v_x}{\partial x}\Delta x\Delta y\Delta z + \frac{\partial v_y}{\partial y}\Delta y\Delta x\Delta z + \frac{\partial v_z}{\partial z}\Delta z\Delta y\Delta x\right) = \frac{\partial(\rho_w\theta)}{\partial t}\Delta x\Delta y\Delta z \tag{4-13}$$

或者

$$-\rho_w\left(\frac{\partial v_x}{\partial x} + \frac{\partial v_y}{\partial y} + \frac{\partial v_z}{\partial z}\right) = \frac{\partial(\rho_w\theta)}{\partial t} \tag{4-14}$$

式中　ρ_w——水的密度；

θ——体积含水率。

式（4-14）即为非稳态渗流的控制方程，可适用于饱和与非饱和条件。当体积含水率 θ 等于孔隙率 n 时，则为饱和土的渗流控制方程；当体积含水率 θ 小于孔隙率 n 时，则为非饱和土的渗流控制方程。在非饱和渗流条件下，根据达西定律，式（4-14）中的流速可表示为

$$v_x = -k_x(h_m)\frac{\partial h_t}{\partial x},\ v_y = -k_y(h_m)\frac{\partial h_t}{\partial y},\ v_z = -k_z(h_m)\frac{\partial h_t}{\partial z} \tag{4-15}$$

式中　h_m——基质吸力水头；

$k_x(h_m)$、$k_y(h_m)$、$k_z(h_m)$——x，y，z 三个方向上的渗透系数函数。

当不考虑渗透水头的作用，非饱和土中水的总水头等于基质吸力水头与位置水头之和，即 $h_t=h_m+z$。将式（4-15）代入式（4-14）整理可得

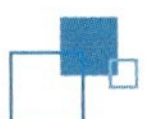

$$\frac{\partial}{\partial x}\left[k_x\left(h_m\right)\frac{\partial h_m}{\partial x}\right]+\frac{\partial}{\partial y}\left[k_y\left(h_m\right)\frac{\partial h_m}{\partial y}\right]+\frac{\partial}{\partial z}\left[k_z\left(h_m\right)\left(\frac{\partial h_m}{\partial z}+1\right)\right]=\frac{\partial\theta}{\partial t} \tag{4-16}$$

可见，式（4-16）中既含有基质吸力水头 h_m，又含有体积含水率 θ，上述方程可以用基质吸力水头表示或以体积含水率表示。

1. 用基质吸力水头表示

根据链式法则，式（4-16）等号右边项用基质吸力水头可表示为

$$\frac{\partial\theta}{\partial t}=\frac{\partial\theta}{\partial h_m}\frac{\partial h_m}{\partial t} \tag{4-17}$$

式中，$\partial\theta/\partial h_m$为体积含水率与基质吸力水头关系曲线的斜率，该斜率称为比水容量，常用 C 表示，可由土水特征曲线获得。由于土水特征曲线具有非线性，通常将比水容量描述为与吸力或者吸力水头成一定函数关系的形式，即

$$C\left(h_m\right)=\frac{\partial\theta}{\partial h_m} \tag{4-18}$$

将式（4-17）和式（4-18）代入式（4-16），可得非饱和土中水的非稳态渗流方程

$$\frac{\partial}{\partial x}\left[k_x\left(h_m\right)\frac{\partial h_m}{\partial x}\right]+\frac{\partial}{\partial y}\left[k_y\left(h_m\right)\frac{\partial h_m}{\partial y}\right]+\frac{\partial}{\partial z}\left[k_z\left(h_m\right)\left(\frac{\partial h_m}{\partial z}+1\right)\right]=C\left(h_m\right)\frac{\partial h_m}{\partial t} \tag{4-19}$$

式（4-19）即 Richards 方程，可根据适当的边界条件和初始条件来求解，获得基质吸力水头的时间和空间分布特征。

2. 用体积含水率表示

将渗透系数与比水容量的比值定义为非饱和土的水力扩散系数 D，根据链式法则，达西定律在水平方向可表示为

$$v_x=-k_x\left(\theta\right)\frac{\partial h_m}{\partial x}=-k_x\left(\theta\right)\frac{\partial h_m}{\partial\theta}\frac{\partial\theta}{\partial x}=-D_x\frac{\partial\theta}{\partial x} \tag{4-20}$$

同理可得 y 方向和 z 方向上的流量，即

$$v_y=-k_y\left(\theta\right)\frac{\partial h_m}{\partial y}=-D_y\frac{\partial\theta}{\partial y} \tag{4-21}$$

$$v_z=-k_z\left(\theta\right)\left(\frac{\partial h_m}{\partial z}+1\right)=-D_z\frac{\partial\theta}{\partial z}-k_z\left(\theta\right) \tag{4-22}$$

式中，D_x、D_y 和 D_z 分别为沿 x、y、z 方向上的非饱和土的水力扩散系数。

将式（4-20）、式（4-21）和式（4-22）代入式（4-19），可得

$$\frac{\partial}{\partial x}\left[D_x\left(\theta\right)\frac{\partial\theta}{\partial x}\right]+\frac{\partial}{\partial y}\left[D_y\left(\theta\right)\frac{\partial\theta}{\partial y}\right]+\frac{\partial}{\partial z}\left[D_z\left(\theta\right)\frac{\partial\theta}{\partial z}\right]+\frac{\partial k_z\left(\theta\right)}{\partial z}=\frac{\partial\theta}{\partial t} \tag{4-23}$$

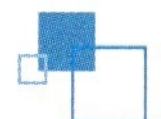

针对具体的工程问题，根据不同的初始条件和边界条件，对式（4-19）和式（4-23）进行求解即可分析非饱和土的非稳态渗流问题。

4.3　土中与水有关的力

为了更好地理解土的水分场对应力场的重要影响，下面介绍土中与水有关的三种力，即静水压力、浮力及渗透力。

4.3.1　静水压力

1. 静水压力的定义

当水流处于静止状态时，由于流体间没有相对运动，在流体中选取一微小面积 ΔA，垂直作用于这个面积上的力为 ΔP，当这个微小面积 ΔA 趋近于 0 时，力 ΔP 与面积 ΔA 的比值的极限即为静水压强 p。

$$p = \lim_{\Delta A \to 0} = \frac{\Delta P}{\Delta A} \tag{4-24}$$

在工程界，通常将静水压强简称为静水压力。同时为了避免混乱，将某一受压面上所受的静水压力之和称为静水总压力。静水压力通常具备两个特性，一是流体中任意一点各方向的静水压力大小相等，与受压面方向无关，二是静水压力的方向与受压面垂直并指向受压面。

2. 静水压力的计算

1）静水压力分布

静水压力的分布规律可以通过静水压力分布图直观表示。当不考虑大气压强时，沿深度方向的静水压力分布图如图 4-8 所示。其中，线条的长度用来表示一点的压力大小，箭头方向用来表示压力的作用方向。根据静水压力的基本公式 $p=\rho_w gh$，可知静水压力 p 与深度 h 之间存在线性关系。在图 4-8 中，点 A 位于自由面上，其静水压力 $p_A=0$；点 B 则位于水下 h 的深度处，其静水压力 $p_B=\rho_w gh$。连接直线 AC，则 ACB 就代表了 AB 面上的静水压力分布。在实际工程中，水压力作用面通常并不是规则的竖向平面，而是具有复杂的形状。图 4-9 给出了倾斜平面、转折平面和水下倾斜平面三种典型的静水压力分布图。

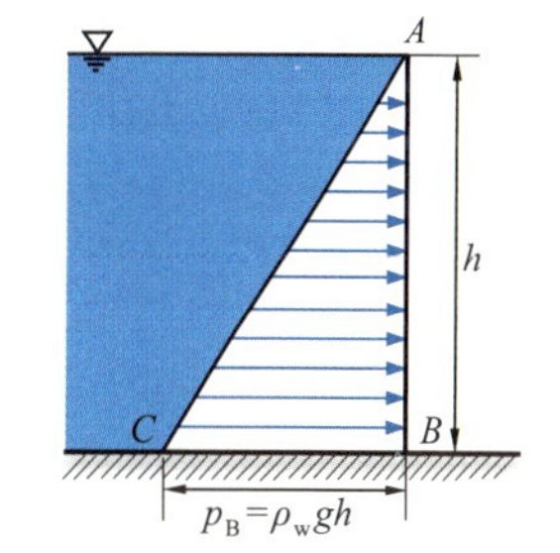

图 4-8　静水压力分布图

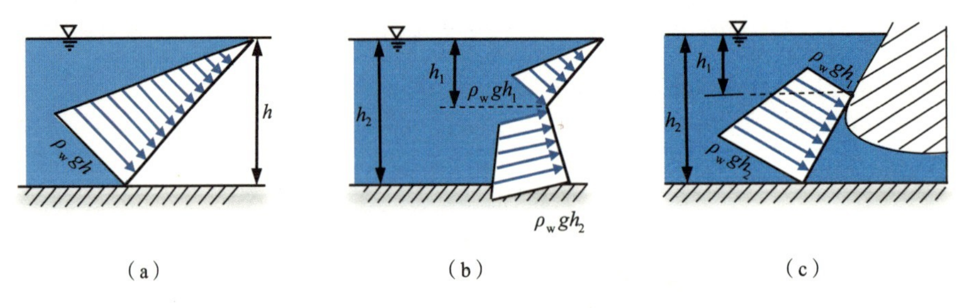

图 4-9 各种情况的平面上的静水压力分布图

（a）倾斜平面；（b）转折平面；（c）水下倾斜平面

例题 4-1

某受压平面 *AB* 左右两侧均受到水压作用，如图 4-10 所示。其中，左侧水位高度 h_1=10m，右侧水位高度 h_2=5m，右侧水平面与受压平面 *AB* 相交于 *C* 点。请绘制受压平面 *AB* 的静水压力分布图。

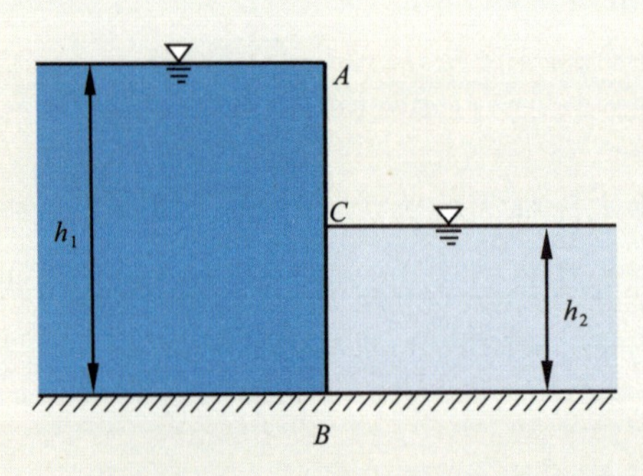

图 4-10 左右两侧均受到水压作用的某受压平面 *AB*

【解答】

（1）左侧静水压力

点 *A*：p_A=0；

点 *B*：$p_B=\rho_w gh_1$=1000×10×10Pa = 100kPa。

左侧静水压力成三角形分布，方向水平向右，如图 4-11（a）所示。

（2）右侧静水压力

点 *C*：p_C=0；

点 *B*：$p_B=\rho_w gh_2$=1000×10×5Pa = 50kPa。

左侧静水压力成三角形分布，方向水平向左，如图 4-11（a）所示。

利用叠加原理，左右两侧叠加后的静水压力分布图如图 4-11（b）所示。

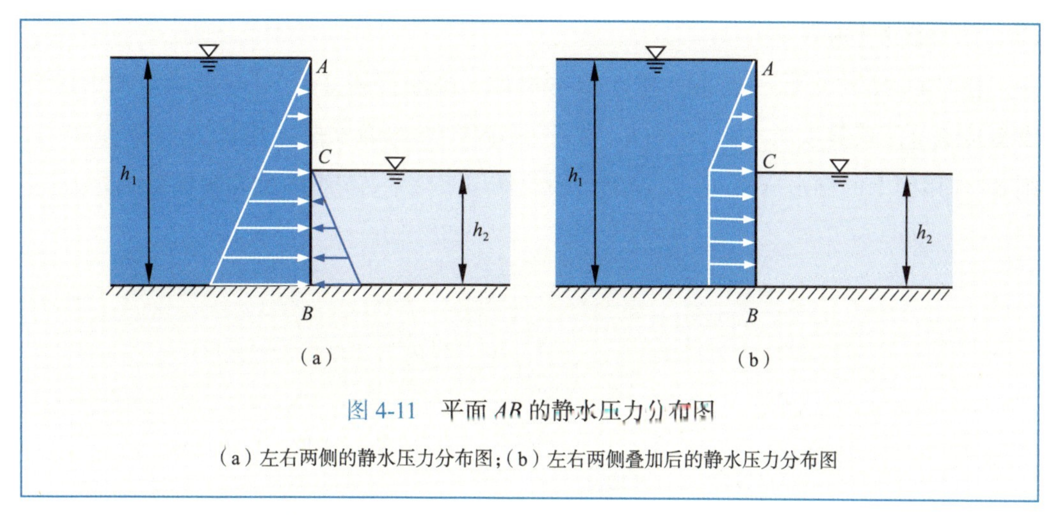

图 4-11 平面 AB 的静水压力分布图

(a) 左右两侧的静水压力分布图；(b) 左右两侧叠加后的静水压力分布图

2）矩形平面上的静水总压力

作用在平面上静水总压力的大小，实际上是该平面上各点静水压力的总和。因此，单位宽度上所受的静水总压力，等于静水压力分布图的面积。对于矩形平面而言，其静水总压力则等于平面宽度与静水压力分布图面积之积。图 4-12 表示一任意倾斜放置的矩形平面 *ABCD*，该矩形平面的长度和宽度分别为 l 和 b，假设压力分布图的面积为 S，则作用于该矩形平面上的静水总压力 F 为

$$F=bS \tag{4-25}$$

由于压力分布图为梯形，$S=\frac{1}{2}(\rho_{\mathrm{w}}gh_1+\rho_{\mathrm{w}}gh_2)l$，因此

$$F=\frac{1}{2}\rho_{\mathrm{w}}g(h_1+h_2)bl \tag{4-26}$$

合力 F 的作用点 Q 不仅位于纵向对称轴 O-O 上，同时还应通过静水压力分布图的形心点 G。当静水压力为三角形分布时，压力中心点 G 离底部的垂直距离为 $e=l/3$；当静水压力为梯形分布时，压力中心点 G 离底部的垂直距离为$e=\frac{l(2h_1+h_2)}{3(h_1+h_2)}$。

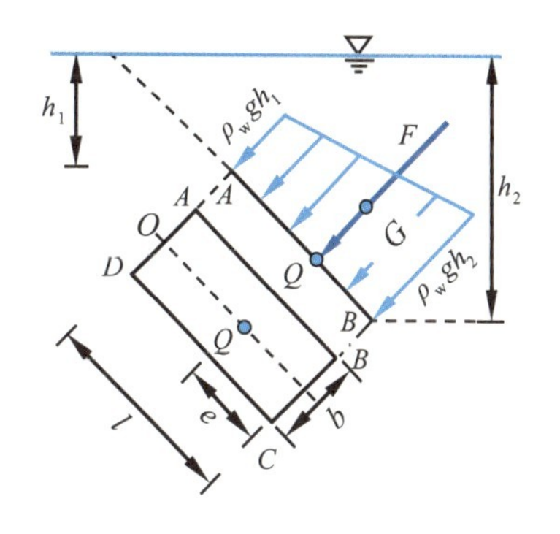

图 4-12 作用在矩形平面上的静水总压力及其作用线

3）任意形状平面上的静水总压力

对于任意形状的平面，如图 4-13 中的 *AB*，将它倾斜放置在水中的任意位置处，并与水面形成 θ 角，该平面的面积为 S，其形心位于 C 点，总压力 F 作用点的位置为 D 点。为了简化分析过程，选取平面 *AB* 的延长面与水面的交线 Oy，以及垂直于 Oy 的

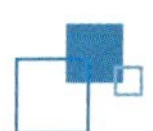

Ox，作为参考坐标系。

在平面 AB 中任取一点 M，在点 M 周围取一微小面积 dS。设 M 点在液面下的淹没深度为 h，其静水压力为 $p=\rho_w gh$，微平面 dS 各点的静水压力均认为与 M 点相同，则 dS 作用面上的静水压力 $dF=\rho_w gh dS$，因此作用于整个 AB 平面上的静水总压力为

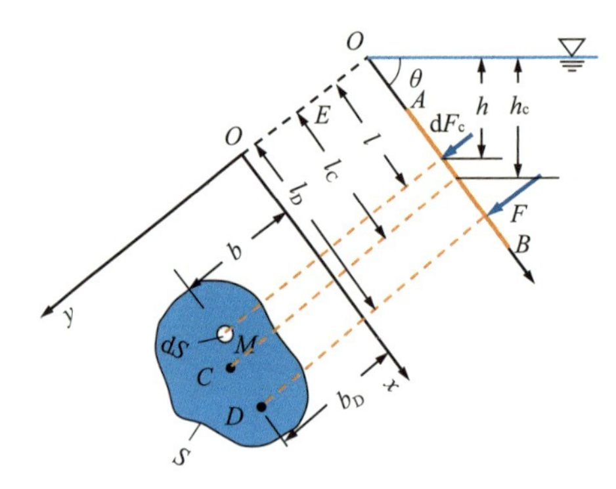

图 4-13 作用在任意形状平面上的静水总压力及其压力中心

$$F=\int dF=\int_S \rho_w gh dS \tag{4-27}$$

由图 4-13 中的几何关系可知

$$h=l\sin\theta \tag{4-28}$$

将式（4-28）代入式（4-27）可得

$$F=\rho_w g\sin\theta\int_S l dS \tag{4-29}$$

上式中 $\int_S l dS$ 表示平面 AB 对 Oy 轴的面积矩，并且

$$\int_S l dS=l_C S \tag{4-30}$$

则

$$F=\rho_w gh_C S=\rho_w gV \tag{4-31}$$

式中 h_C——平面 AB 形心点 C 在液面下的淹没深度，$h_C=l_C\sin\theta$；

V——压力体的体积，即平面 AB 形心点 C 的淹没深度与平面面积 S 的乘积。

事实上，计算公式 $F=\rho_w gV$ 不仅适用于求解任意形状平面上的静水总压力，同时还可直接用于计算任意形状曲面上的静水总压力。由于形心点 C 的静水压力 $p_C=\rho_w gh_C$，故式（4-31）又可表示为

$$F=p_C S \tag{4-32}$$

式（4-32）表明，作用于任意平面上的静水总压力，等于平面形心点上的静水压力与平面面积的乘积。形心点的静水压力 p_C 可理解为整个平面的平均静水压力。静水总压力作用点的位置则需要利用合力对任一轴的力矩等于各分力对该轴力矩的代数和这一原理确定，本节不具体展开。

由上可见，静水压力的大小跟水的深度及作用面积的大小和形状有关。在实际工程中，静水压力会对水坝和水库等结构物产生巨大的压力，如果结构设计不当或者受力超出设计范围，可能导致结构变形、裂缝甚至坍塌。

4.3.2 浮力

无论是漂浮在水面还是完全浸没在水下的物体，其与水体的接触面都会受到静水压力的作用。这些分布在接触面上的静水压力的总和，即为物体所受到的浮力。

为了更好地理解浮力大小的计算过程，以淹没于水下的一任意形状的物体为例来说明，如图 4-14（a）所示。以与 Oz 轴垂直的平面与物体表面相切，切点形成一条封闭曲线 $acbd$，把物体表面分成上、下两部分。根据任意形状平面上的静水总压力计算方法，图 4-14（b）表示作用于上部分曲面的压力体 V_1，相应的垂直压力 $F_1=\rho_w g V_1$，方向向下；图 4-14（c）表示作用于下部分曲面的压力体 V_2，相应的垂直压力 $F_2=\rho_w g V_2$，方向向上；叠加后的压力体 V 如图 4-14（d）所示，$\rho_w gV$ 就表示液体对淹没在水中物体的静水总压力 F，方向向上，其表达式为

$$F=\rho_w g(V_2-V_1)=\rho_w gV \tag{4-33}$$

式中 ρ_w——水的密度；

g——重力加速度；

V——淹没于水下物体的体积；

V_1——淹没于水下物体上曲面压力体的体积；

V_2——淹没于水下物体下曲面压力体的体积。

可见，作用于淹没在水中的物体上的静水总压力，其实质是一个垂直向上的力，这就是我们常说的浮力。浮力的大小正好等于物体所排开的同体积水的重量。该原理最早由阿基米德提出，因此也被称为阿基米德原理。

浮力作用在基坑开挖及地下工程建设中会产生不利影响，通常会引起土体的变形和稳定性问题，特别是在地下水位较高的地区。因此，在岩土工程设计和建设中，需要考虑浮力对土体的影响，合理评估浮力的大小和作用，以保证工程结构的安全和稳定。

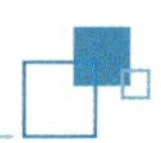

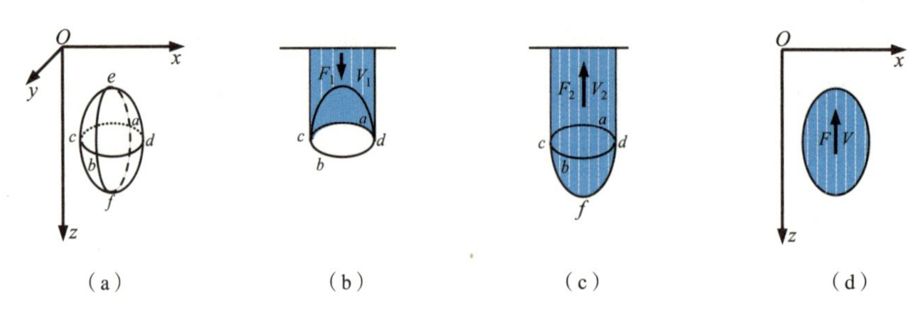

图 4-14 淹没在水中物体上的静水压力

(a) 淹没于水下物体；(b) 上曲面压力体；(c) 下曲面压力体；(d) 叠加后的压力体

4.3.3 渗透力

1. 渗透力的定义

观察图 4-15 中左侧的装置，当储水器的水位与土样容器之间形成正的水头差 Δh 大于 0 时，即土中存在渗流现象。在渗流过程中，水流会受到来自土骨架的阻力，同时流动的孔隙水也会对土骨架产生一个摩擦和拖曳力，这个力被称为渗透力或渗流力，其方向与渗流方向一致。

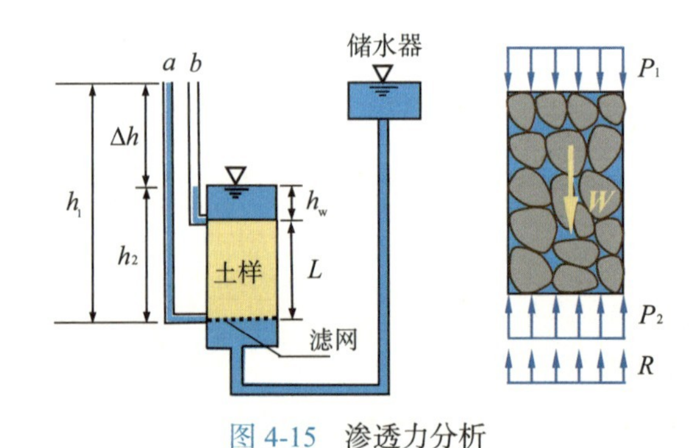

图 4-15 渗透力分析

2. 渗透力的计算

为了便于对渗透力计算，假设土样截面面积为 $A=1$，高度为 L，水的重度为 γ_w，土的浮重度（即有效重度）为 γ'，土的饱和重度为 γ_{sat}；在渗流过程中，土样受到的竖直向上的力包括滤网对土样产生的托力为 R，以及水头 h_2 产生的向上的推力为 $P_2=\gamma_w h_2$；土样受到的竖直向下的力包括土样的重量 $W=L\gamma_{sat}=L(\gamma'+\gamma_w)$，以及土样上部水头 h_w 产生的压力 $P_1=\gamma_w h_w$。土样整体受力平衡条件为

$$R+P_2=W+P_1 \tag{4-34}$$

即

$$R+\gamma_w h_1=L\left(\gamma'+\gamma_w\right)+\gamma_w h_w \tag{4-35}$$

由于

$$h_1=h_2+\Delta h \tag{4-36}$$

整理可得到作用在滤网上的力为

$$R=\gamma' L-\gamma_w \Delta h \tag{4-37}$$

可见，对于 $\Delta h=0$ 的静水条件，作用在滤网上的力为 $R=\gamma' L$，对于存在向上渗流的情况（$\Delta h>0$），滤网对土样所施加的力或滤网所受到的支持力有所减少。这部分减少的力被土骨架所承担，这即是渗流对土样产生的总渗透力，其大小可以表示为 $J=\gamma_w \Delta hA$，总渗透力是一个力，单位为 kN。渗透力 j 则是单位体积土体内的土骨架所受到的渗透水流的推动和拖曳力，即

$$j=\frac{J}{V}=\gamma_w\frac{\Delta h}{L}=\gamma_w i \tag{4-38}$$

可见，渗透力实质上是水流对单位体积土颗粒的作用力，并均匀分布在土骨架上。它普遍作用于渗流场中的所有土颗粒上，其大小与水力梯度成正比，量纲和 γ_w 一样，方向与渗流的方向一致，是一个体积力。

土体由于渗流作用而出现的变形或破坏称为渗透变形或渗透破坏，土的渗透破坏主要有流土、管涌、接触流土和接触冲刷，如表 4-1 所示。

土的渗透破坏　　**表 4-1**

渗透破坏类型	定义
流土	在向上的渗透作用下，表层局部范围内的土体或颗粒群同时发生悬浮、移动的现象，称为流土，由于经常发生在砂土中，也称流砂
管涌	在渗流作用下，一定级配的无黏性土中，含有尺寸细小的颗粒，通过较大颗粒所形成的孔隙发生移动，最终在土中形成与地表贯通的管道，称为管涌
接触流土	接触流土是指渗流垂直于两种不同介质流动时，在两层土的接触面处把其中一层的细粒带入另一层土中的现象，如反滤层的淤堵
接触冲刷	接触冲刷是指渗流沿着两种不同介质的接触面流动时，把其中一层的细粒带走的现象，一般发生在土工建筑物底部与地基土的接触面处

4.4　膨胀土的胀缩性及工程问题

膨胀土是一种特殊的黏性土，其黏粒成分主要由亲水性矿物构成，具有明显的吸水膨胀和失水收缩特性。可见，膨胀土中的水分效应非常明显。下面主要通过介绍膨

胀土的胀缩性及其工程问题来认识土的水分效应。

4.4.1 膨胀土的胀缩性

膨胀土在浸水后体积会急剧膨胀，而在失水后则会显著收缩，因此也被人们称为胀缩性土。膨胀土的分布与气候和地理条件有着密切的联系，表现出明显的分带性特征。在我国，膨胀土的分布范围之广、面积之大堪称世界之最，总分布面积超过 $10^5 km^2$。其主要分布在从西南的云贵高原到华北平原之间的广大地区，包括各个流域的平原、盆地、河谷阶地以及河间地块和丘陵等地。

膨胀土内富含如蒙脱石和伊利石等亲水性黏土矿物，这些矿物在吸水后体积会明显增大，而在失水后则会缩小，呈现出显著的膨胀与收缩特性，即胀缩性。这种胀缩性的物质基础在于土中的亲水性黏土矿物，而土中含水率的变化则是引发土体积改变的外部环境因素。从表面现象来看，膨胀土的胀缩性主要表现为膨胀和收缩变形。具体来说，当土体吸水并受到外部约束无法膨胀时，其内部会产生内应力，即膨胀压力；相反，当土体失水并收缩到一定程度时，还可能会产生裂隙。因此，膨胀土的胀缩性是一个由内外因素共同作用、展现出多种力学行为的复杂特性。

1. 膨胀率 δ_{ep} 和自由膨胀率 δ_{ef}

膨胀率 δ_{ep} 是用来衡量特定膨胀土层膨胀变形特性的关键指标。通过环刀法，可以直接从现场获取处于天然状态的膨胀土样。这些土样在受到一定压力并达到压缩稳定状态后，再经过浸水至饱和状态，其高度的增加量与原高度的比值即为膨胀率。

$$\delta_{ep}=\frac{h_w-h_0}{h_0}\times 100\% \tag{4-39}$$

式中 δ_{ep}——某级荷载下的膨胀率；

h_0——土样原始高度；

h_w——某级荷载下土样在水中膨胀稳定后的高度。

自由膨胀率 δ_{ef} 是指膨胀土从完全分散、疏松且不含水分的干燥状态，转变为孔隙完全被水充满的饱和状态时，其体积所增加的量与原始体积之间的比值，即

$$\delta_{ef}=\frac{V_w-V_0}{V_0}\times 100\% \tag{4-40}$$

式中 δ_{ef}——膨胀土的自由膨胀率；

V_0——土样原始体积；

V_w——土样在水中膨胀稳定后的体积。

自由膨胀率是反映土体膨胀性强弱较为客观的指标，根据《膨胀土地区建筑技术

规范》GB 50112—2013，可按自由膨胀率的大小将膨胀土分为 3 类，为了便于比较，表 4-2 中也列入非膨胀土作为第 4 类。

膨胀土的膨胀性强弱分类表　　**表** 4-2

类别	自由膨胀率	膨胀性
第 1 类	$\delta_{ef} \geqslant 90\%$	强膨胀土
第 2 类	$65\% \leqslant \delta_{ef} < 90\%$	中等膨胀土
第 3 类	$40\% \leqslant \delta_{ef} < 65\%$	弱膨胀土
第 4 类	$\delta_{ef} < 40\%$	非膨胀土

2. 收缩率 δ_s 和收缩系数 λ_s

膨胀土蒸发失水发生收缩，膨胀土试样因蒸发而产生的收缩量占试样原厚度中的百分比称为收缩率 δ_s，而收缩率与含水率变化之比称为收缩系数 λ_s。

$$\lambda_s = \frac{\Delta\delta_s}{\Delta w} \tag{4-41}$$

式中　λ_s——膨胀土的收缩系数；

$\Delta\delta_s$——收缩过程中直线变化阶段与两点含水率之差对应的竖向线缩率之差；

Δw——收缩过程中直线变化阶段两点含水率之差。

4.4.2　膨胀土的胀缩机理

关于对膨胀土胀缩机理的研究，研究学者曾提出不同的假说，目前较为公认的是基于黏土矿物学的晶格扩张理论和基于胶体化学的双电层理论。

1. 晶格扩张理论

晶格扩张理论是从组成膨胀土的矿物结构方面对膨胀土的胀缩机理进行分析，认为膨胀土的膨胀与矿物成分、矿物结构以及土颗粒表面交换阳离子成分等有关。黏土矿物（包括蒙脱石、伊利石、高岭石）主要由硅氧四面体和铝氢氧八面体两种基本结构单元组成，晶格层间由弱键连接，这种结合不牢固，外界水分子易渗入晶格层间，形成水膜夹层，使晶层与晶层之间的距离逐渐增大，从而引起晶格扩张，最终使得土体产生膨胀现象。此外，由蒙脱石组成的膨胀土中含有大量的交换性阳离子，使得晶层表面具有较高的水化能，加剧离子交换作用，晶层间水膜变厚，引起晶格膨胀，也会使得土体发生膨胀。然而，该理论仅考虑了晶格层间的水膜作用，而忽视了颗粒与结合体间吸附结合水的影响。

2. 双电层理论

双电层理论认为，在土水相互作用时，黏土颗粒表面由于晶格间的离子置换使得黏土晶格带负电，在颗粒周围形成静电场。受静电引力作用，土颗粒表面吸引以水化离子形态存在的阳离子，从而在土颗粒四周形成水化膜，即双电层。黏性土颗粒通过各自的水化膜彼此相连，含水率增减将引起水化膜厚度的变化。当含水率增加时，结合水膜逐渐增厚，使得颗粒间的距离增大，表现为土的体积膨胀；当失水时，土中的结合水膜逐渐变薄或消失，使得粒间距离减小，表现为土的体积收缩。根据双电层理论，膨胀土胀缩主要取决于颗粒间吸附结合水膜的厚度，与所吸附的溶液、温度等因素都有关联。

除上述提到的晶格扩张理论和双电层理论外，一些学者还基于物理力学理论对膨胀土的胀缩机理进行研究，包括有效应力理论、毛细管理论和弹性理论等。在物理力学理论中，认为膨胀土的膨胀是在一定的外力作用下由膨胀土与水相互作用产生的物理力学效应引起的。当部分饱和的膨胀土吸水后，土中孔隙水压力与有效应力发生了变化，毛细管势能和表面张力也发生了改变，并引起膨胀土颗粒的弹性效应，从而导致膨胀土体积增大。

4.4.3 膨胀土地区工程问题

我国在膨胀土地区开展了大量基础设施建设，在工程实践中遇到最多的是地基变形问题和土体稳定性问题。对于地基变形问题，主要由于膨胀土吸水膨胀失水收缩过程中易产生不均匀沉降。膨胀土的地基变形量需要根据场地天然地表下1m处的含水率，以及地基所处环境的温度和湿度等多种因素综合确定；对于土体稳定性问题，膨胀土失水收缩不均匀所导致的裂隙发育是引发此类失稳灾害的关键因素之一。因此，对膨胀土裂隙的产生原因和存在状态进行充分考量尤为重要。常见的膨胀土稳定性问题包括膨胀土基坑坍塌、挡土墙失稳、边坡滑塌等灾害。其中，膨胀土边坡失稳具有浅层性、牵引性、平缓性、长期性以及季节性等特点，如表4-3所示，这些特点均与裂隙的发育情况紧密相关。

膨胀土边坡失稳的特点 **表 4-3**

边坡失稳特点	说明
浅层性	膨胀土的裂隙最大深度为3 ~ 4 m，在该深度范围内膨胀土的抗剪强度低，由此产生的滑动面范围较浅
牵引性	由于裂隙不深，产生的滑动体较薄，首先是小范围内坡体下滑，再牵动上面的坡体下滑，逐步向上发展，形成牵引性滑坡

续表

边坡失稳特点	说明
平缓性	由于裂隙的发展，较缓的边坡也会滑动
长期性	裂隙缓慢发展，直到达到足够深度后，才会发生滑坡
季节性	在雨季，雨水灌入裂隙中，使土体饱和度增大，强度降低，土体发生膨胀；转晴后，土体收缩，如此反复形成干湿循环，促进裂隙的发育

下面结合百色电力工程基坑坍塌事故和湘潭－邵阳高速公路沿线膨胀土滑坡问题来认识膨胀土地区的工程问题。

1. 百色电力工程基坑坍塌事故

2020 年 7 月 12 日，位于百色市百东新区的百明电力安装有限公司电力线路迁改工程发生深基坑坍塌事故（图 4-16），造成 3 人死亡，1 人受伤，直接经济损失 356.89 万元。经过调查，造成此次事故的原因主要有以下几个方面：（1）施工队没有严格按照工程设计图纸和施工技术标准组织施工，采用直立式开挖而未采用任何支护措施；（2）基坑侧壁土质为强膨胀土，事故发生前基坑壁遭受连续多日暴晒，土体失水收缩，而在事故发生前一日，突然降雨使得基坑侧壁土体吸水膨胀，造成基坑土体稳定性变差；（3）基坑顶部周边堆载基坑开挖出来的土方，增加了基坑侧壁荷载。

（a）

（b）

图 4-16　百色电力工程基坑坍塌事故

（a）基坑坍塌事故现场；（b）消防人员紧急救援

2. 湘潭－邵阳高速公路沿线膨胀土滑坡问题

湘潭－邵阳高速公路是湖南省境内连接湘潭市与邵阳市的重要交通线路，于 2002 年 12 月 26 日正式通车运营，线路全长 218km。其中，在邵阳地段穿过大量膨胀土地

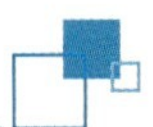

带，涉及路基土石方约百万立方米。受降雨影响，该线路在施工工程中便出现了多处滑坡灾害，部分路段的路堤表面出现纵向裂缝，对行车安全造成了不良影响。通过对该工程病害成因进行分析，认为产生病害的原因主要包括以下两个方面：（1）部分路段采用的膨胀土未经改良直接填筑在路基表层；（2）发生滑坡的部分路段，未对边坡进行封闭水防护，在降雨和蒸发条件下使得土体干缩湿胀，引发土体产生裂缝，导致土体强度降低，引发边坡失稳灾害。

可见，膨胀土地区的工程问题主要与土质及水有关，水分效应的影响在膨胀土中较为显著。其中，膨胀土自身的胀缩性是产生工程病害的内因，而环境中水的影响是导致工程病害的外因。因此，在膨胀土地区进行工程设计时，尽可能使土体保持其湿度不发生大幅度变化。

4.5 黄土的湿陷性及工程问题

黄土是一种第四纪地质历史时期干旱气候条件下的沉积物，其分布面积在全球约 1.3×10^7km^2。根据黄土的工程性质特征，《湿陷性黄土地区建筑标准》GB 50025—2018 将我国黄土从西向东划分为七个分区，包括陇西（含青海）地区、陇东 - 陕北 - 晋西地区、关中地区、山西 - 冀北地区、河南地区、冀鲁地区和边缘地区。

4.5.1 黄土的湿陷性

黄土具有明显的湿陷性，即黄土在受到上覆土层自重应力或在自重应力与附加应力共同作用下，因浸水而发生结构破坏，从而产生显著附加变形的特性。湿陷变形是一种独特的塑性变形，表现为突变性、非连续性和不可逆性，对工程建筑构成较大威胁。湿陷性黄土可分为自重湿陷性黄土和非自重湿陷性黄土两类。我国大约有四分之三的黄土属于湿陷性黄土，这些黄土主要分布在黄河上、中游地区。

1. 黄土的湿陷系数

黄土的湿陷系数 δ_s 是单位高度土样在一定压力作用下浸水后的湿陷量，可以通过室内压缩试验测定，其计算公式为

$$\delta_s=\frac{h_p-h_p'}{h_0} \tag{4-42}$$

式中 h_0——试样的原始高度；

h_p——保持天然含水率和原状结构的试样，加至一定压力，压缩变形稳定后的高度；

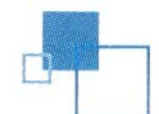

h'_p——一定压力下压缩变形稳定后的试样，在浸水饱和条件下，下沉稳定后的高度。

室内压缩试验中的试验压力应按土样深度和基底压力综合确定，若采用上覆土的饱和自重压力作为试验压力，则测得的湿陷系数为自重湿陷系数 δ_{zs}。

$$\delta_{zs} = \frac{h_z - h'_z}{h_0} \tag{4-43}$$

式中　h_0——试样的原始高度；

h_z——保持天然含水率和原状结构试样，加至该试样上覆土的饱和自重应力时，压缩变形稳定后的高度；

h'_z——在该试样上覆土的饱和自重应力下压缩变形稳定后的试样，在浸水饱和条件下，下沉稳定后的高度。

对于湿陷系数测定试验，应该使用原状土样。在试验过程中，需使用固结仪逐步增加荷载，直至达到试样所规定的压力。待压缩变形稳定后，将试样浸水至饱和状态，直至附加下沉稳定，此时试验结束。以下沉量不超过 0.01mm/h 作为试样浸水前后稳定的判断标准。为了测定湿陷起始压力及压力与湿陷系数之间的关系，可以采用单线法和双线法两种压缩试验。

（1）单线法压缩试验：在相同的取土点和深度，至少需采集 5 个环刀试样。所有试样均在天然含水率的状态下逐步增加荷载，直至达到不同的规定压力。当试样下沉稳定后，便进行浸水处理，直至下沉稳定为止，如图 4-17（a）所示。

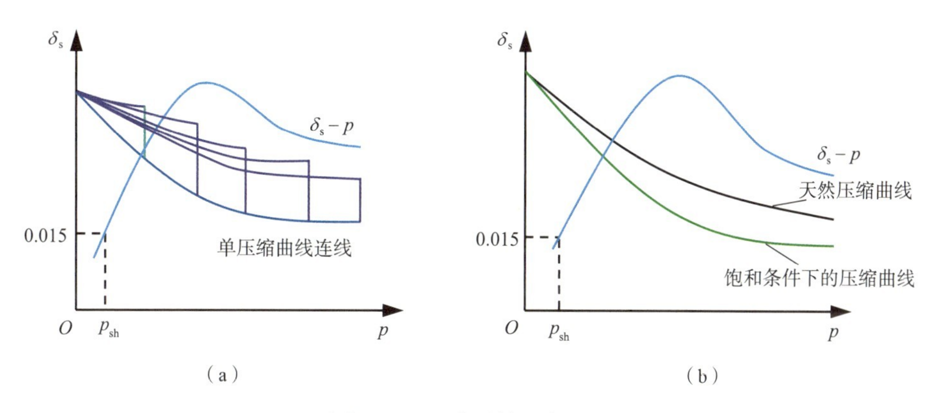

图 4-17　湿陷系数测定方法

（a）单线法；（b）双线法

（2）双线法压缩试验：在同一取土点的同一深度处取两个环刀试样，首先给予它们相同的第一级压力。待下沉稳定后，调整这两个试样的百分表读数至一致。随后，

一个试样保持在天然含水率下逐渐分级加荷，加至最后一级压力下沉稳定后，试样浸水饱和，附加下沉稳定，试验终止；另一个试样浸水至饱和，附加下沉稳定后，在浸水饱和状态下分级加荷至下沉稳定，直至达到最后一级压力，试验终止，如图 4-17（b）所示。

单线法压缩试验要求试样组数至少为 5 组，由于黄土具有裂隙发育、结构松散等特点，其均一性不能保证，致使相同深度的 5 组试验数据存在较大差异，数据离散性较大；双线法压缩试验要求试样组数为 2 组，易控制试样的均一性，且具有试验方法简单、工作量少、对比性强等特点，尤其适用于大量试样的工程性试验。

2. 湿陷起始压力

黄土的湿陷变形量是关于压力的函数，因此通常存在一个压力界限值，当压力低于该界限值时，黄土只会产生压缩变形而不会产生湿陷现象，该界限值称为湿陷起始压力 p_{sh}。湿陷起始压力可用室内压缩试验或现场载荷试验确定，当采用室内压缩试验测定时，在 p-δ_s 线上取压实系数 δ_s=0.015 所对应的压力作为湿陷起始压力值；当采用现场测定时，需利用静载荷试验获得压力与浸水下沉量 p-δ_s 曲线来判定，取转折点所对应的压力作为湿陷起始压力值。曲线上的转折点不明显时，可取浸水下沉量与承压板直径或宽度之比等于 0.017 所对应的压力作为湿陷起始压力值。

3. 黄土湿陷性判定标准

湿陷系数越大，相同压力下土体受水浸湿后的湿陷量通常越大，对建筑物的危害就越大。《湿陷性黄土地区建筑标准》GB 50025—2018 规定，当湿陷性系数 $\delta_s < 0.015$ 时，定义为非湿陷性黄土，当湿陷系数 $\delta_s \geqslant 0.015$ 时，定义为湿陷性黄土。同时，可根据湿陷系数的大小判定黄土湿陷性的强弱。当 $0.015 \leqslant \delta_s \leqslant 0.03$ 时，湿陷性轻微；当 $0.03 < \delta_s \leqslant 0.07$ 时，湿陷性中等；当 $\delta_s > 0.07$ 时，湿陷性强烈。此外，根据自重湿陷量实测值或计算值，分为自重和非自重湿陷性黄土场地。当自重湿陷量小于或等于 70mm 时，应定义为非自重湿陷性黄土场地。

4.5.2 黄土的湿陷机理

关于对黄土湿陷机理的研究，研究学者曾提出多个假说，从不同的方面解释了黄土湿陷的原因，主要有如下几种。

1. 结构学说

该学说认为黄土湿陷的根本原因是黄土具有粒状架空结构体系，如图 4-18 所示，在力和水的共同作用下架空结构破坏产生湿陷变形。起初由于测试技术的限制，使得结构学说在很大程度上具有一定的推理性。随着现代测试技术的发展，特别是扫描电

镜和X射线技术的应用，使得结构学说得到迅速发展，被广大学者所接受，实现了从土的微观结构方面对黄土的湿陷机理进行解释。

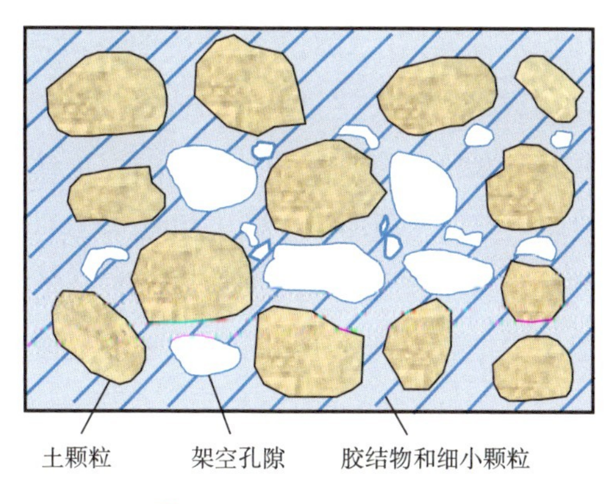

图4-18 黄土的架空结构

2. 压密理论

黄土在沉积过程中，干燥、少雨的气候条件使得土中水分不断蒸发，盐类析出，化学胶结产生了固化凝聚力。上覆土层自重压力增大不足以产生进一步压缩，因而处于欠压密状态。一旦水浸入，固化凝聚力消失，就会产生湿陷。当降水量少，干旱期长时，黄土欠压密程度显著，反之，黄土欠压密程度较弱。该理论把黄土中复杂的物理化学作用笼统地归为欠压密状态，注重强调湿陷性黄土形成的物理过程，未真正合理解释黄土湿陷变形的机理。

3. 固化凝聚力降低假说

该假说基于水膜楔入作用和胶结物溶解作用，认为土颗粒间存在两种凝聚力，一是由分子间的相互吸引而产生的凝聚力，二是由土颗粒周围的盐类结晶胶结而产生的凝聚力。当土体浸水后，在水膜楔入和胶结物溶解作用下，固化凝聚力降低，导致土的结构破坏，因而发生湿陷。水膜楔入说能较好地解释黄土在水一进入就会立即发生湿陷这一现象，但是不足以解释各种复杂的湿陷现象如湿陷性的强弱、自重湿陷与非自重湿陷等。

4. 黏土粒膨胀假说

当湿陷性黄土含有大量的伊利石与蒙脱石等黏土颗粒时，浸水后易吸附水分而发生膨胀，且产生的膨胀力较为显著。在水的作用下，水分沿细微裂缝接触到黏土颗粒。黏土颗粒吸水发生膨胀，导致土结构破坏，使颗粒散化，再加上水膜的润滑作用，促使土颗粒滑动，于是产生湿陷。

4.5.3 黄土地区工程问题

黄土湿陷是下沉量大，且下沉速度快的失稳变形，在工程实践中遇到最多的是地基不均匀沉降问题和土体稳定性问题。针对黄土地基的不均匀沉降问题，通常会导致上部结构发生严重下沉，造成结构物发生整体倾斜或者局部倾斜，甚至造成上部结构的开裂，严重影响土工构筑物的正常使用；针对黄土的稳定性问题，常见的工程灾害是边坡的失稳问题，包括坡面破坏（剥落和冲刷）和坡体破坏（崩塌和滑塌）。与不均匀沉降相比，黄土滑坡问题直接决定结构物的安全和稳定，给人们生命财产带来的影响更为显著。因此，下面主要结合陕西子洲黄土滑坡和西安灞桥区黄土滑坡来认识黄土地区的边坡失稳问题。

1. 陕西子洲黄土滑坡事故

2010 年 3 月 10 日，位于陕西省北部的子洲县双湖峪村石沟发生黄土滑坡，滑坡体约 9 万 m^3，造成 27 人死亡，许多房屋被滑坡体掩埋冲毁，如图 4-19 所示。据调查，造成此次滑坡事故的原因主要有两个方面：（1）坡体地形陡峭，土质为砂质黄土，孔隙较大，坡体结构疏松，裂隙和落水洞发育。（2）自 2009 年冬季以来，子洲县连续多次降雪，累计降水 74.9mm，远高于往年同期降水均值（18.9mm）。随着天气变化，大量积雪融化并渗入土体中，使得坡体自重增加，土体强度降低，引发黄土滑坡。

（a）

（b）

图 4-19 陕西子洲黄土滑坡

（a）陕西子洲滑坡现场；（b）房屋被滑坡体掩埋

2. 西安灞桥区黄土滑坡事故

2011 年 9 月 17 日，因连续多日强降雨，西安市灞桥区席王街道石家道村白鹿塬北坡发生滑坡（图 4-20），滑坡体约 24.8 万 m^3，导致瑞丰空心砖厂和奇安雁塔陶瓷有

限公司部分房屋被埋，造成 32 人死亡。经过调查，造成此次事故的原因主要有以下几个方面：(1) 该滑坡体位于黄土塬边，滑坡体上部土层为马兰黄土，大孔隙发育，土质结构疏松，强度较低；(2) 附近砖厂多年来在坡角处不断削坡取土，形成了坡度达 45° ~ 70° 的高陡边坡，且改变了坡体内部的应力分布，在坡顶形成张拉区，使得坡体整体上稳定性较差；(3) 从 9 月 4 日到 9 月 17 日，西安在 13 天内的降雨量为 184mm，相当于年均降雨量的三倍以上。持续性的降雨在坡面形成地表径流，黄土浸水后强度随之减小，进而降低了边坡的整体稳定性，导致土体产生滑坡。

(a)

(b)

图 4-20　西安灞桥区黄土滑坡

(a) 西安灞桥区滑坡现场；(b) 滑坡后壁

可见，黄土地区的工程问题也主要与土质及水有关，水分效应的影响在黄土中同样比较显著。其中，黄土自身的湿陷性是产生工程病害的内因，而环境中水的影响是导致工程病害的外因。因此，在黄土地区工程设计时，需要格外重视土中水的影响。

思考与习题

4-1　简述土中水的赋存状态。

4-2　简述非饱和土中基质吸力的概念及测量方法。

4-3　何为水的稳态渗流和非稳态渗流？

4-4　简述静水压力、浮力及渗透力的概念。

4-5　简述膨胀土的胀缩性及胀缩机理。

4-6　简述黄土的湿陷性及湿陷机理。

第5章 土的化学效应

导读：本章首先介绍了土的化学成分，随后介绍了土中有机质的来源、组成和转化，土中各组分相互作用，最后讲述三种具有特殊化学效应的土，即盐渍土、红黏土以及泥炭土的物理、化学、力学性质和工程问题。

土通常由固、液、气三相构成，不仅各相之间具有不同的化学成分，即使同相之中也包含多种化学成分。不同的化学成分之间存在物理相互作用，甚至化学反应，导致土的力学性质异常复杂。土的不同化学成分之间或与外界环境的化学成分之间发生交互作用，并引起土体工程性质的动态变化，从而对土体变形和稳定性产生显著影响，称为土中的化学效应。

化学效应主要表现于三个方面：一是土颗粒中的矿物成分与水中溶质发生化学反应，改变土的物理力学性质；二是土中化学反应形成胶结物质，改变土的黏聚强度；三是土中的盐晶体在特定的温度和压力条件下大量析出或溶解，引起土体盐胀或溶陷。可见，尽管土内物质和土外物质之间也存在交互作用，但土中的化学效应以三相组分之间的相互作用为主。本章将从土的三相出发，重点介绍三相组分的物理、化学特性及其之间的相互作用。

此外，某些土因包含特定的物质成分，表现出特殊的物理力学和工程性质，且受化学效应的影响较为显著，形成工程中的特殊土。为防止工程灾害，需要对这些特殊土进行专门处理。工程中常遇到的化学效应显著的特殊土包括盐渍土、红黏土和泥炭土，如图 5-1 所示。本章将系统介绍这几种特殊土的物理力学特性、典型工程问题，讲述化学效应下的特殊土力学和工程特性。

5.1 土中化学成分

研究土的化学效应，首先需要了解土的化学成分。按照土中的三相，可以对其化学成分作如图 5-2 所示的分类。

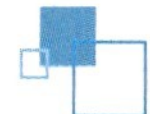

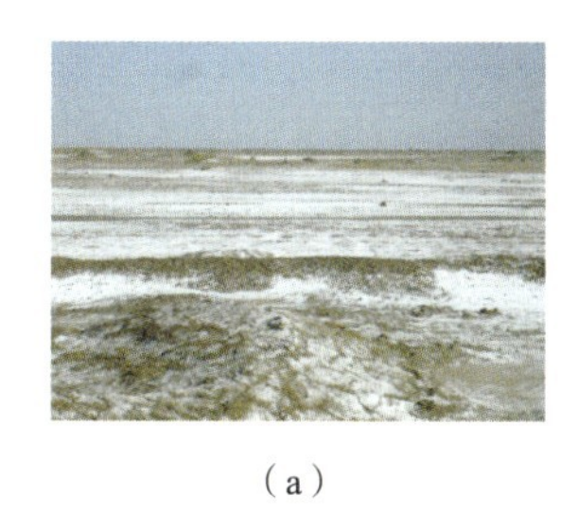

（a）

（b）

（c）

图 5-1　几种特殊土地貌

（a）盐渍土；（b）红黏土；（c）泥炭土

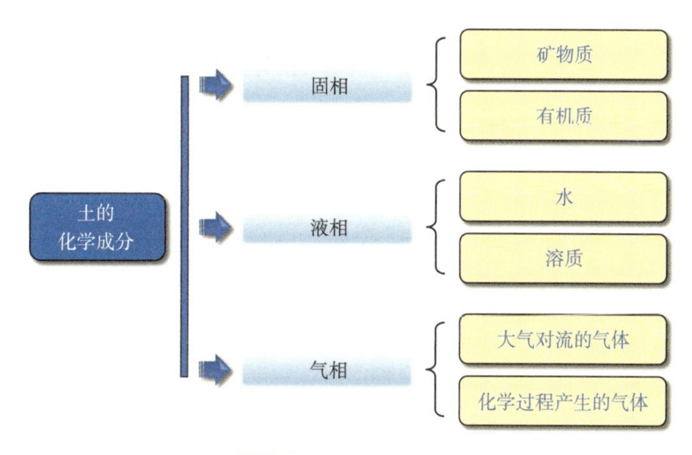

图 5-2　土的化学成分

5.1.1　固相

土的固相成分主要为矿物质和有机质。矿物质种类众多，根据母岩成分及其所经受的风化作用，可分为原生矿物和次生矿物。原生矿物由母岩经过物理风化作用所形成，其矿物成分与母岩基本相同；次生矿物是由原生矿物经化学风化所形成，其矿物成分与母岩不同。有机质是指以各种形态存在于土中的含碳物质，包括各种动植物残体、微生物及其分解和合成的有机物质。

1. 原生矿物

原生矿物在物理风化过程中保持了母岩的化学组成和结晶结构，颗粒尺寸较大，主要存在于粗粒土中。原生矿物的物理化学性质稳定，以其为主要组分的土多具有无黏性、透水性较强、压缩性较弱等特点。常见的原生矿物有石英、长石与云母。

1）石英

纯石英呈无色透明状，当含有杂质时，可以呈现各种颜色，如图 5-3 所示。石英是酸性岩浆岩的主要成分，在沉积岩中以不透明或半透明的颗粒形态出现，颜色可能

为烟灰色，并具有油脂光泽，常与云母和长石等矿物共生。石英具有较高的硬度（大约为 7.0）和稳定的化学性质，对风化作用有较强的抵抗能力。

图 5-3 石英矿物

2）长石

长石是一种常见的硅酸盐矿物，广泛存在于地壳中，尤其是在岩浆岩和变质岩中。长石根据其晶体结构和化学成分的不同，可以分为两大类，即正长石和斜长石，其外观分别如图 5-4（a）与图 5-4（b）所示。

（a）

（b）

图 5-4 长石矿物

（a）正长石；（b）斜长石

正长石晶体通常呈短柱状，颜色多样（包括肉红色、浅黄色和浅黄红色等），具有玻璃光泽、完全解理特性，硬度约为 6.0。正长石以长方形的小板状颗粒形态存在，多与石英和云母等矿物共生。正长石较易发生风化作用，风化后可转化为黏土矿物，如高岭石，为土提供丰富的钾元素。斜长石则以板状晶体形态出现，颜色通常为白色或灰白色，同样具有玻璃光泽和完全解理，硬度在 6.0 ~ 6.5 之间。斜长石的伴生矿物主要是辉石和角闪石，斜长石比正长石更易风化。

3）云母

云母矿物依其化学组成划分为白云母与黑云母两种，其外观分别如图 5-5（a）与图 5-5（b）所示。白云母多呈片状或鳞片状，通常为无色或淡色（如淡黄、淡绿）且透明。薄片柔韧并带珍珠光泽，硬度介于 2.0 至 3.0 之间。白云母的风化产物多为细小鳞片，严重风化时可转化为高岭石等黏土矿物，且能有效吸附土中的农药等污染物。黑云母颜色为深褐或黑色，其他特性与白云母相似，主要见于花岗岩和片麻岩中，常与石英、正长石等矿物共生。黑云母较白云母更易风化，其风化产物为碎片状，因此较少以完整形态出现。

（a） （b）

图 5-5 云母矿物

（a）白云母；（b）黑云母

2. 次生矿物

次生矿物是在岩石风化和成土过程中，由原生矿物经氧化、水化、水解及溶解等化学作用而重新合成的新矿物，主要有黏土矿物（高岭石、伊利石、蒙脱石）、氧化物（Al_2O_3、Fe_2O_3）和盐类（Ca_2CO_3、NaCl）等。

黏土矿物是一种复合的铝 – 硅酸盐晶体，主要由各种硅酸盐类矿物分解形成的含水铝硅酸盐，有较强的吸附水能力，对土的工程性质有极大的影响。黏土矿物组成的土颗粒细小，一般粒径小于 5μm，由 Si-O 晶片和 Al-OH 晶片（分别如图 5-6a 与图 5-6b 所示）组叠形成。二者也可被称为 Si-O 四面体与 Al-OH 八面体。四面体层与八面体层以不同的方式结合在一起，形成了三种黏土矿物，其结构单元如图 5-7 所示。主要构造特征与亲水性如表 5-1 所示。

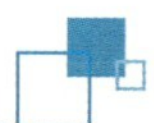

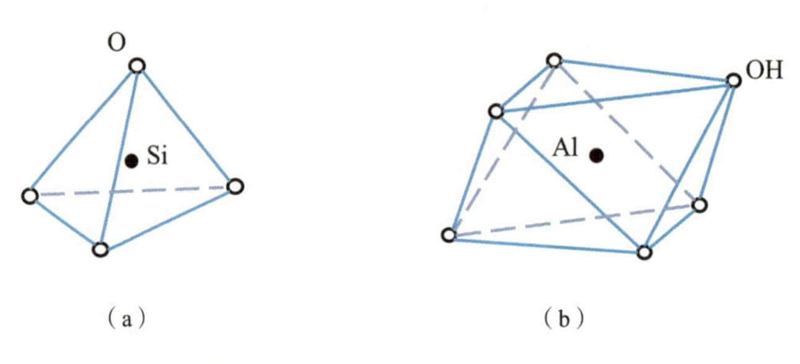

图 5-6 黏土矿物晶片示意图

(a)硅氧四面体；(b)铝氢氧八面体

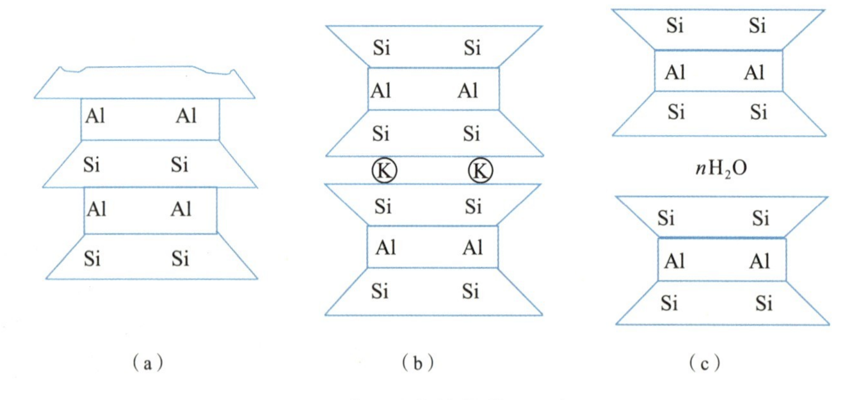

图 5-7 黏土矿物结构单元示意图

(a)高岭石；(b)伊利石；(c)蒙脱石

三种黏土矿物主要构造特征与亲水性 **表 5-1**

黏土矿物	结构单元	结晶构造特征	亲水能力
高岭石	一个硅氧片和一个铝片组叠而成	晶胞之间通过氧离子与氢氧根离子之间的氢键相联结，其联结力较强，晶格不能自由活动	亲水能力差，是一种遇水比较稳定的矿物
伊利石	两个硅氧晶片夹一个铝氢氧晶片所形成的三层结构，晶胞之间有钾离子联结	晶胞之间联结能力介于高岭石与蒙脱石之间	亲水性比蒙脱石差，比高岭石好
蒙脱石	两个硅氧晶片之间夹一个铝氢氧晶片	晶胞的两个面都是氧原子，其间没有氢键，联结能力很弱	亲水能力极好，是一种遇水不稳定的矿物

3. 有机质

有机质也是土固相的重要组成成分。在岩土工程中，土中有机质质量含量及其名称如表 5-2 所示。土中有机质的含量受多种因素影响，包括气候、植被、地形和农耕措施等。土中有机质的存在和转化对土的工程性质具有一定的影响。

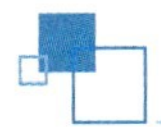

土按有机质含量分类　　**表 5-2**

有机质含量 W（%）	$W < 5\%$	$5\% \leqslant W \leqslant 10\%$	$10\% < W \leqslant 60\%$	$W > 60\%$
名称	无机土	有机质土	泥炭质土	泥炭

1）来源与组成

土中的有机质主要源自生物体，同时又是土中生命活动的物质基础。在土早期的形成和风化过程中，有机质通常由微生物构成。随着生物进化与成土过程的发展，高等植物、动物和微生物逐渐贡献了土中有机质。

有机质在土中微生物的作用下经历分解和合成过程，因此，土中存在新鲜有机物质、半分解有机物质和腐殖质。新鲜有机物质是指那些刚进入土不久，尚未经历微生物分解过程的植物和动物的遗骸；半分解有机物质指的是那些经过微生物作用后，原本结构已被破坏的新鲜有机残留物，现转变为分散开的、暗黑色的细小碎片和颗粒状物质；土中腐殖质是指高分子氮含量丰富的有机化合物，经过微生物的深度转化，构成了土中有机质的85%～90%，成为土中有机质的核心成分。

土中有机质的元素主要是大量碳、氢与较少量氧、氮。此外，还含有少量的磷、硫，以及微量元素如钙、镁、钾、钠、硅、铁、锌、铜等。在化合物层面，有机质以类木质素和蛋白质为主要成分，其次是半纤维素和纤维素，以及脂肪、树脂和蜡质等可溶于乙醚和乙醇的化合物。

2）转化过程

土体中的有机质在水分、空气、土中动物和微生物的作用下，发生着极其复杂的转化过程，主要有以下几类。

（1）氧化还原反应

有机化合物进入土体后，一方面在微生物酶的作用下发生氧化还原反应，彻底分解而最终释放出二氧化碳、水和能量，所含氮、磷、硫等营养元素在一系列特定反应后，释放为植物可利用的矿物养料，同时释放出能量，这是有机质的矿质化过程。这一过程直接或间接地影响着土的力学性质，也为腐殖化过程中的腐殖质提供了一定的物质基础。

（2）淋溶作用

酶与水的淋溶作用在有机质的转化过程中也起着重要作用。土体中的酶包括植物根系分泌酶、微生物分泌酶以及土中动物区系分泌释放酶，这些酶是有机体代谢的动力。被降水淋出的有机质中的可溶性物质能够促进微生物发育，从而促进其残余有机物的分解。

（3）动物与微生物转化

动物与微生物在有机质的转化过程中也起着巨大作用，分别对应动物转化过程与微生物转化过程。动物将植物或残体碎解，与土颗粒混合，有效地促进有机物被微生物分解。同时，经动物吞食的植物残体未被动物吸收的部分，通过动物体内肠道分解或半分解，以排泄物或粪便的形式排出体外，也促使有机物分解。不含氮的有机物可被微生物直接或间接性地分解为还原性气体（如 CH_4）、有机酸、CO_2 与水，同时放出热量。对于含氮有机物（如蛋白质、尿素等），在微生物的作用下，最终被分解为无机态氮。土中有机态的磷在微生物作用下，可被分解为无机态可溶性物质，此时方可被植物吸收利用。含硫的有机化合物，经微生物腐解作用产生 H_2S，进而被氧化以及与土中原有的盐类发生反应。

综上所述，土体中的有机质是由不同种类的有机化合物组成，土中的分解和转化过程不同于单一有机化合物，表现出多过程运行、转化的特点。

3）对土工程性质的影响

尽管有机质含量只占固相总量的很小一部分，但它是土中微生物活动的重要能量来源，其中发生许多复杂的物理、化学与生物作用。

从岩土工程的角度来说，有机质对土物理性质的影响主要表现为以下几方面：有效降低土的密度、增加土的持水力并增强团聚体的稳定性；有机质的转化过程可以增加气体含量，从而增加土的压缩性；有机质影响了阳离子交换量、缓冲容量、pH 值，此外，它的存在也对土颗粒吸附作用产生影响。几方面综合体现了有机质对土的工程性质的影响。

5.1.2 液相

土的液相赋存于土骨架的孔隙中，是土的重要组成之一，其化学成分主要是水和溶质。在本书第 4 章中，已讲述了土中水的形式及其对工程性质的影响，主要从纯水的角度考虑问题。以液相为载体，水中溶质的存在和迁移对土的工程性质起到重要作用，本节主要讲述溶质运移相关的问题。

液相中的溶质分为有机溶质和无机溶质两大类。有机溶质为可溶解的有机物，如氨基酸、腐殖酸、糖类以及与金属离子结合的有机－金属络合物。无机溶质主要为离子（包括 Ca^{2+}、Mg^{2+}、Na^{+}、K^{+}、Cl^{-}、SO_4^{2-}、CO_3^{2-} 等）和含有少量铁、锰、锌、铜等元素的可溶性盐类。有机溶质与无机溶质以离子态、水合物态和络合态等多种形态存在。

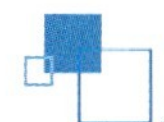

1. 溶质运移机理

土中溶质的运移主要通过分子扩散、质体流动、对流弥散和水动力弥散 4 个物理过程进行。溶质在运移过程中伴随着物理、化学和生物的综合作用。

1）分子扩散

分子扩散是指由分子热运动所引起的混合和分散作用。溶质由高浓度处向低浓度处运移，最后使得各处浓度平衡。在纯水中，溶质的分子扩散通量符合菲克第一定理，即

$$J_{dw}=-D_w\frac{\partial c}{\partial z} \tag{5-1}$$

式中，J_{dw} 为溶质分子扩散的通量；D_w 为分子扩散系数；c 为溶质浓度；z 为坐标。溶质的分子扩散通量在土的孔隙水中同样符合菲克第一定理，即

$$J_{ds}=-D_s\frac{\partial c}{\partial z} \tag{5-2}$$

式中，D_s 为分子扩散系数，受含水率、孔隙几何形状等因素的影响，该系数比纯水中的扩散系数小，一般认为其是含水率的函数，与溶质浓度无关。

2）质体流动

质体流动又称为对流，是指溶质伴随渗流而迁移的过程。由于对流作用而引起的土壤溶质迁移通量与土壤水分通量和水溶液浓度有关，可表示为

$$J_c=qC \tag{5-3}$$

式中，J_c 为对流引起的溶质通量；q 为土的溶液通量；C 为浓度。

溶质的对流运移可以在饱和土中发生，也可以在非饱和土中发生，可在稳态渗流下发生，也可在非稳态渗流下发生。

3）对流弥散

当流体在土这种多孔介质中流动时，流速在孔隙中分布不均匀。这种微观速度不均一所造成的物质运动称为对流弥散。土中形成对流弥散的原因主要有以下几个方面：流体的黏滞性使得孔隙通道轴处的流速大，而靠近通道壁处的流速小；固体颗粒的切割阻挡使得流体质点的运动轨迹发生弯曲，流线沿平均流动方向产生起伏；孔隙孔径、弯曲程度以及封闭程度的不同导致各孔径之间流速的差别。

溶质的对流弥散通量 J_h 可用式（5-4）来表示。

$$J_h=-D_h\frac{\partial c}{\partial z} \tag{5-4}$$

式中，D_h 为溶质对流弥散系数。比尔（1972）建议在非团聚的多孔介质中，对流弥散系数与平均孔隙水流速成正比，即

$$D_h = mv \tag{5-5}$$

式中，m 为经验参数；v 为孔隙水的平均流速。

4）水动力弥散

对流弥散过程和分子扩散过程均引起溶质在土中的迁移。由于微观流速不易测定，两个过程很难区别。考虑到两个过程中的溶质迁移规律基本相同，常把两个过程联合考虑，统一称为水动力弥散。水动力弥散所引起的溶质迁移通量表示为

$$J_{dh} = -D_{dh}\frac{\partial c}{\partial z} \tag{5-6}$$

式中，J_{dh} 为动力弥散所引起的溶质通量；D_{dh} 为动力弥散系数。

2. 溶质运移对土的影响

溶质作为液相的重要组成部分，它的运移过程影响着土与周围环境之间的物质和能量交换。溶质主要通过降雨、施肥、灌溉、地下水补给、植物残留物、植物固氮以及河流与湖泊侧渗等过程输入到土中，而土又通过生物吸收、大气挥发、地表径流与水土流失、农田排水以及地下水的交换等过程向外部环境输出溶质。因此，土中的溶质通过各种途径与环境不断地交换，处于动态变化过程中。

土中溶质的运移非常复杂，溶质不仅随土中液体的渗流而迁移，而且在自身浓度梯度的驱动作用下运移。部分溶质可以被土吸附，被植物吸收，或者当浓度超过溶解度后离析沉淀，或者产生化合分解、离子交换等化学变化。因此，土中的溶质处在一个物理、化学和生物作用之间相互联系且动态变化的系统中。

5.1.3 气相

土中的气相物质主要来源于大气，根据所处环境条件的不同，其成分与大气略有差别。由于土中生物（根系、动物与微生物）的呼吸作用和有机质的分解，土中气体的 CO_2 含量一般高于大气，氧气含量则明显低于大气。当通气不良时，微生物对有机质进行厌氧性分解，产生大量的还原性气体，如 CH_4、H_2S 等。

1. 土中气体的运动

如果土的气相与大气之间存在压力差发生对流作用时，可以由式（5-7）计算对流量

$$q_v = -\left(\frac{k}{\eta}\right)\nabla p \tag{5-7}$$

式中，q_v 为气相中气体的容积对流量；k 为通气孔隙透气率；η 为土中气体的黏度；∇p 为土中气体压力的三维梯度；负号表示流动方向指向压力减小的方向。

当气体混合物中的某一种组分在相同的温度下占据气体混合物相同的体积时，该组分所形成的压力，叫作气体分压。气体分压表征了混合气体中某种气体的气压梯度。土中气相为各种气体的混合物，各种气体按照其各自的气压梯度而流动，形成各自的扩散过程。因此，土中气相各气体的扩展过程是相互独立的。某种气体的扩散速率可用下式表示

$$\frac{\mathrm{d}p}{\mathrm{d}t}=\frac{D}{\beta}An\frac{p_1-p_2}{L} \tag{5-8}$$

式中，L 和 A 为气体扩散所需通过的圆柱形土体尺寸，如图 5-8 所示；$\mathrm{d}p/\mathrm{d}t$ 为气体的扩散速率；D 为该气体在大气中的扩散系数；n 为土的孔隙率；β 为比例常数；(p_1-p_2) 为距离 L 两端的气体分压。

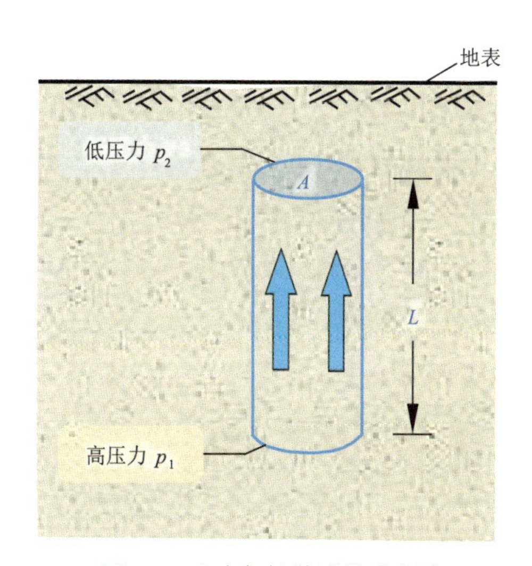

图 5-8 土中气扩散过程示意图

式（5-8）表明，土中气体的扩散速率与土的孔隙率、截面面积以及气体分压成正比，与气体通过的实际距离成反比。因此，土中大孔隙的数量、连续性和土中气的充分程度是影响气体扩散的重要条件。土中大孔隙多，孔隙互相连通而又未被水充填时，气体易于扩散。

2. 气体运动对污染物迁移转化的影响

土中气体可以为微生物、植物、原生动物等生物提供生命活动必需的氧气，影响甚至决定其生命活动水平，从而改变土中污染物的生物转化与降解周期。在污染土的

生物修复过程中，透气性可在一定程度上提高有机污染物的生物降解速率。

5.2 土中各组分间的相互作用

土体中的化学因素对土体工程性质具有显著影响，主要体现在矿物与水的相互作用，可能影响土体的强度和稳定性。水分的变化改变土体中的胶结作用，加上盐的相变作用，对土产生强化或弱化。同时，在盐渍土等特殊土中，盐分析出可能引起土体的膨胀，导致基础变形或结构损坏，水分的增加也会引起盐渍土地基溶陷。上述化学效应在一定条件下导致岩土工程灾害，对其研究离不开土中各成分的相互作用。本节将介绍土中各成分几种典型的相互作用。

5.2.1 电泳与电渗

1809 年，莫斯科国立大学的列伊斯在试验中首次揭示了黏土颗粒的带电性质，如图 5-9 所示。列伊斯设计了一项试验，将黏土样本放置在一个玻璃容器内，并插入两个无底的玻璃管直至黏土块内部。每根管子中注入等量的清水，随后将阴阳两极分别浸入两管的清水中，并与直流电源相连。当电流接通时，观察到阳极端的玻璃管内水位下降且水体变得浑浊，而阴极端的玻璃管内水位则上升。这一试验表明黏土颗粒带有负电荷，其受电场影响会向阳极方向移动，这一现象称为电泳。与此同时，水分子由于其极性特征以及与溶液中的阳离子（如钾离子 K^+、钠离子 Na^+）所形成的水合离子结构，在电场作用下朝向阴极移动，这一现象称为电渗。电泳和电渗这两种现象是同时发生的，并共同构成了电动现象。

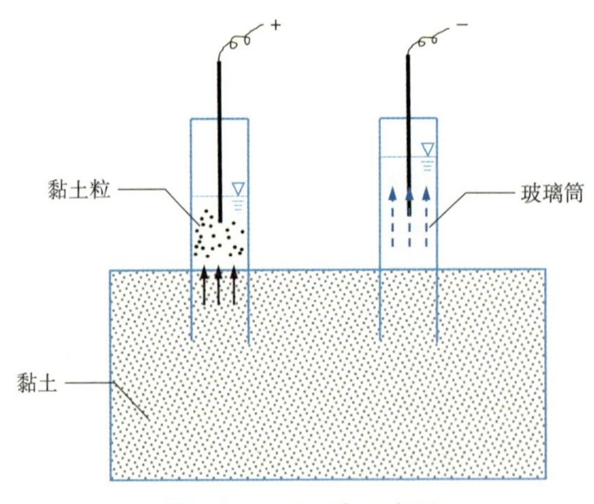

图 5-9 电动现象示意图

5.2.2　吸附作用

黏土矿物的结构、成分、矿物表面化学性质及交换阳离子决定了黏土矿物对有机质的吸附能力和结合方式，例如，高岭石、伊利石和绿泥石通过晶体边缘不饱和的铝、铁、氧原子的活性位置与有机分子结合；蒙脱石具有较大的比表面积，有机质不仅可以吸附在蒙脱石晶体边缘的活性位置，还可以进入到蒙脱石层间，大大增强了蒙脱石的吸附能力。根据吸附方式，吸附作用主要分为物理吸附与化学吸附。

1. 物理吸附

物理吸附是指因吸附剂与吸附质的分子间作用力而产生的吸附。吸附剂表面的分子由于作用力没有被平衡而保留有自由的力场来吸引吸附质。由于它是分子间的作用力所引起的吸附，所以结合力较弱，吸附热较小，吸附和解吸速度也都较快。

2. 化学吸附

化学吸附是指由吸附剂与吸附质之间的化学键而产生的吸附。由于固体面存在不均匀力场，表面上的原子往往还有剩余的成键能力，当分子碰撞到固体表面上时便与表面原子发生电子的交换、转移或共有，形成化学键的吸附作用。阴离子聚合物可以靠化学键吸附在黏土矿物表面，吸附方式有两种情形，一是黏土矿物晶体带正电荷，阴离子基团可以靠静电引力吸附在黏土矿物的表面；二是介质中有中性电解质存在时，无机阳离子可以在黏土矿物和阴离子型聚合物之间起“桥接”作用，使高聚物吸附在黏土矿物的表面。

5.2.3　离子交换作用

黏土矿物通常带有不饱和电荷，根据电中性原理，必定会有等量的异电性离子吸附在黏土表面，以达到电性平衡。吸附在黏土矿物表面的离子可以与溶液中的同电性离子发生交换，称为离子交换作用。离子交换作用的速度很快，当吸附表面形成单分子层时达到极限，吸附速度与黏土矿物的 pH 值有关。

在离子的种类上，最常见的与黏土矿物结合的交换性离子是 Ca^{2+}、Mg^{2+}、H^{+}、K^{+}、NH^{4+}、Na^{+} 和 Al^{3+} 等阳离子（阳离子交换作用）及 SO_4^{2-}、Cl^{-} 和 NO_3^{-} 等阴离子（阴离子交换作用）。常用离子吸附容量来衡量交换性阳 / 阴离子的数量，这个量同时表征了黏土正 / 负电荷数量。

5.2.4　催化作用

催化作用已广泛应用于有机物、抗生素、激素类及农药类污染物降解。在催化反

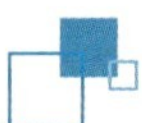

应过程中，黏土矿物可起到以下几个作用：提高材料的分散性、吸附反应物、促进与活性组分的相互作用以及加速反应物的传输，如图 5-10 所示。

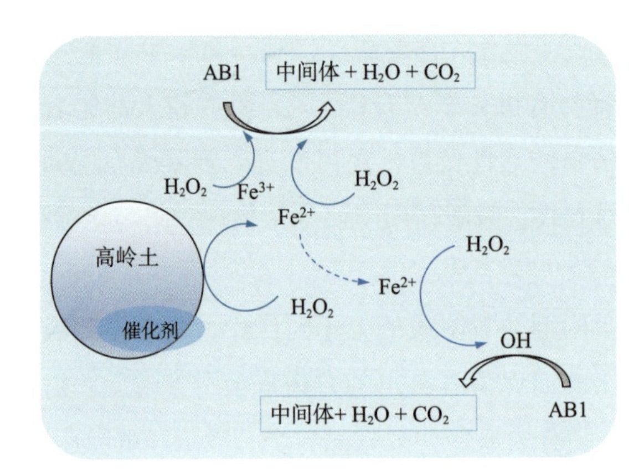

图 5-10　介孔多相催化剂 /H_2O_2 体系中活性氧化物产生和有机物降解的过程

黏土矿物的催化活性源于一种质子酸（Bronsted acid），是蒙脱石层间和伊利石小片外部基面上与可交换的阳离子键合的水分子离解的结果。一般通过离子水解的程度来确定黏土矿物的催化活性。高岭石催化作用主要发生在表面而非结构单元的层间，这就决定了高岭石较蒙脱石有比较低的吸附表面和离子交换能力，从而催化活性较低。

5.2.5　络合作用

金属离子与电子给予体以配位键方式结合而成的化合物，称为配位化合物或络合物，能与金属离子形成配位化合物的电子给予体，称为配位体。金属离子则为电子接受体，称为中心离子或络合物形成体。

土壤中发生络合作用的有机质大致可分为两类，第一类是生物有机体的半分解产物或高等植物和微生物的代谢产物，如简单的脂肪酸、氨基酸和糖类，较复杂的木质素、多糖、蛋白质等，第二类是土壤中特殊的腐殖物质。这些有机物质大多含有两个以上的羟基（-OH）或羧基（-COOH），能与多价的金属离子形成络合物，促进难溶性金属离子的移动，有助于植物吸收和参与土的形成过程。

5.3　盐渍土的物理化学性质及工程问题

盐渍土是盐土和碱土以及各种盐化、碱化土壤的总称。盐渍土含有可溶性盐的特色化学成分，可溶性盐的物理化学特性导致诸多岩土工程问题，如盐胀、溶陷和腐蚀。

通过一定措施，可减轻盐渍土的负面影响，保障工程的服役性能。分析盐渍土的工程特性，并依据工程问题总结治理方法，是岩土工程中的重要课题。

与一般土相似，盐渍土由固、液、气三相组成，如图5-11所示。然而，其独特之处在于，盐渍土的液体部分为较高浓度的含盐溶液，同时，盐渍土的固相除了土本身的固体矿物颗粒，还包含结晶析出的盐晶体。由于盐结晶的存在，盐渍土的固相和液体成分及含量随环境因素变化而相互转换。例如，在土中含盐量大幅增加超过饱和度时，无法溶解于水的盐结晶可能形成较大颗粒，土中细小颗粒数量相对减少，改变了固体的颗粒级配，土的工程性质随之而变；在土中含水率增加的过程中，可溶盐发生溶解，土中固体颗粒含量减少，土的强度和刚度降低。

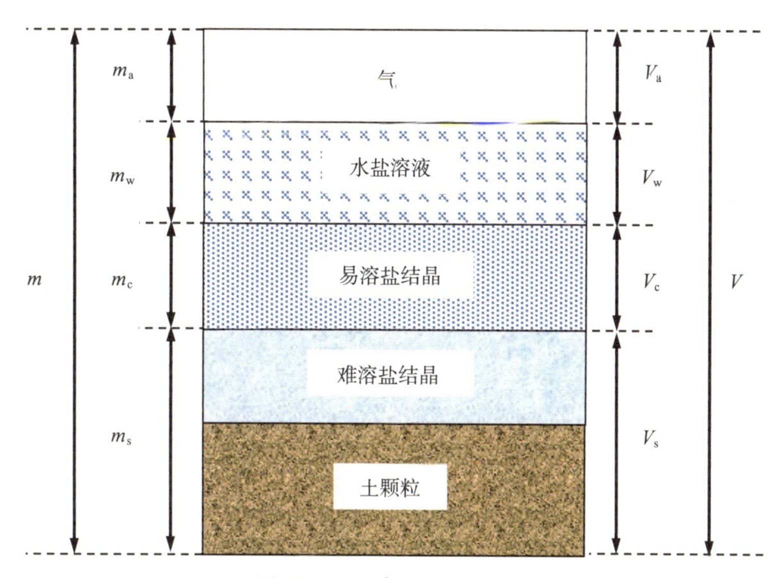

图5-11　盐渍土的三相组成

5.3.1　盐渍土的工程特性

盐渍土在我国广泛分布，不同区域盐渍土的形成过程、化学成分以及物理化学特性存在明显差异，所引起的工程危害不同。根据形成机理，盐渍土的工程危害主要分为盐胀、溶陷与腐蚀。

1. 盐胀和溶陷

当盐渍土的温度降低或者水分蒸发时，盐溶液由于溶解度降低而逐渐达到饱和状态（注意，这是溶质的饱和状态，与土力学中孔隙完全被水充填所对应的饱和状态概念不同），并以结晶的状态析出，导致土体体积增大，称为盐胀现象。盐胀对工程存在极大的危害性，主要发生在硫酸盐渍土与亚硫酸盐渍土分布区域。反之，温度升高或

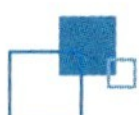

环境水分进入土体时，盐结晶体溶解，土体体积减小，称作溶陷。在有渗流的情况下，盐分易被渗流水带走而加剧溶陷。

盐胀和溶陷导致工程病害主要有两个方面的原因。一是这两个过程使土颗粒胶结强度发生改变，即土的工程性质发生变化，改变地基承载力；二是盐晶的析出和溶解改变了固相质量，使土体的有效自重应力发生变化。当地基承载力下降时，会产生附加沉降。如果地基内部一定范围内出现渗流，盐渍土还会发生潜蚀效应，对工程危害较大。

2. 腐蚀性

腐蚀性主要表现为氯盐盐渍土对金属和钢筋混凝土建筑物的腐蚀破坏，以及硫酸盐盐渍土对混凝土的化学腐蚀破坏。当含盐液体与高矿化地下水在毛细作用下上升并达到建筑物基础，与建筑材料发生化学反应，使建筑物的基础发生腐蚀破坏。腐蚀性严重影响建筑物基础和地下设施的耐久性和安全使用。

5.3.2 盐渍土的物理特性

1. 相对密度

相对密度是盐渍土中固体颗粒（包括结晶盐颗粒和土颗粒）的密度与中性液体的密度比值，表达式为

$$G_{sc}=\frac{m_s+m_c}{\left(V_s+V_c\right)\rho_{1t}} \tag{5-9}$$

式中，ρ_{1t} 为 t℃时中性液体的密度（如煤油）(g/cm^3)，其他物理量的定义可参照图 5-11。

盐渍土的相对密度在温度和含水率改变时可能会有较大变化。所以，相对密度只能根据其当前状态，经过试验测量，并计算得出。在实际工程中，由于盐渍土地基可能会存在渗流，导致易溶盐溶解甚至流失，这时土中的固相出现易溶盐的可能性大大降低。为了适应工程实践中的这种情况，需要对土在含盐和洗盐后的两种状态下的相对密度进行单独测量。

2. 天然含水率

盐渍土的天然含水率定义如下

$$w'=\frac{m_w}{m_s+m_c}\times 100\% \tag{5-10}$$

式中，w' 为把盐当作土骨架的一部分时的含水率，可用烘干法求得。

又因为

$$C=\frac{m_c}{m_s+m_c}\times 100\% \tag{5-11}$$

联立式（5-10）与式（5-11），可得

$$w'=w(1-C) \tag{5-12}$$

式中，w 为常规土定义的含水率，即 m_w/m_s；C 为土中易溶盐含量（%）。

由式（5-12）可知，w' 与常规土定义的含水率 w 相比偏小，且随含盐量的增加而减小。所以，若用它代替含水率来计算其他物理指标，计算结果有偏差。

3. 含液量

盐渍土中含液量公式如下

$$w_B=\frac{m_w+Bm_w}{m_s}=w(1+B) \tag{5-13}$$

式中，w_B 为土样中含液量；B 为每 100g 水中溶解盐的含量，可由 $B=m_c/m_s$ 确定，当计算出的 B 值大于盐的溶解度时，取 B 为该盐的溶解度。

4. 天然重度和干重度

盐渍土的天然重度（γ）定义与常规土相同。然而，对于含有较高比例硫酸钠（Na_2SO_4）的盐渍土，低温环境下的结晶膨胀效应可能会对土的天然重度测量产生影响，这一点在进行相关测定时需要予以考虑。

干重度（γ_d）是评估盐渍土夯实程度的关键参数，它与土的溶陷相关。对于特定类型的土，较低的干重度通常意味着更强的溶陷性，而较高的干重度则表明较低的溶陷风险。此外，对于同一种土，含盐状态与去盐状态后的干重度存在显著差异。特别是对于那些含盐量较高的盐渍土，其干密度通常较大，这可能导致较高的溶陷倾向。

5.3.3　盐渍土的力学特性

盐渍土的压缩系数、压缩模量和变形模量，可以通过与常规土相似的测量手段来确定。在中国的内陆地区，盐渍土普遍存在于干旱环境，得益于盐分的胶结作用，这些土在天然状态下往往表现出较低的压缩性。然而，当易溶盐与可溶盐盐渍土遭遇水分时，土中的盐分会溶解，导致土转变为一种更为"柔软"的状态，其压缩性会显著增强。因此，在处理盐渍土时，必须密切关注土在水分影响下的变形行为。此外，由于盐渍土中砂石成分较多，获取原状土样进行室内压缩试验存在一定困难，因此，常通过原位载荷试验来获得盐渍土的变形模量。

盐渍土的抗剪强度受盐分含量及其水合状态的影响，在土吸水前后产生显著变化。

在盐渍土中，盐分填充孔隙并对土颗粒提供一定的胶结作用，有利于增大土的抗剪强度。当土的含水率发生变化时，抗剪强度也会相应变化。当含水率增加时，水分的增加导致土中结晶盐溶解，减弱土颗粒间的胶结作用，使得抗剪强度降低。在实际工程应用中，必须保证地基不被浸湿，施工时需保证防水条件及地基处理措施。当含水率减少时，土中的液态盐转为固态，发挥胶结作用，使得抗剪强度提升。

5.3.4 盐渍土的化学特性

岩土工程中经常遇到的盐渍土有硫酸盐、氯盐和碳酸盐，下面分别介绍其化学特性。

1. 硫酸盐渍土

硫酸盐类盐渍土主要表现出腐蚀性与膨胀性。Mg^{2+} 和 SO_4^{2-} 会分别对构筑物产生侵蚀，前者与构筑物混凝土中胶凝性 $Ca(OH)_2$ 发生反应，生成 $Mg(OH)_2$，导致混凝土粉化，后者随地下水渗入混凝土并发生以下反应

$$SO_4^{2-}+Ca(OH)_2=CaSO_4+2OH^- \tag{5-14}$$

若生成硫酸钙与固态水合铝酸钙（$3CaO\cdot Al_2O_3$）作用，将生成硫酸铝钙（$Ca_4Al_6SO_{16}$），其体积较原先膨胀约 1.5 倍，会导致混凝土出现膨胀、开裂等问题。土中的硫酸钠（俗称芒硝）在温度和湿度变化时，还将产生较大的体积变形，造成地基的膨胀或收缩，其化学反应式如式（5-15）与式（5-16）所示。

当温度降低时，硫酸盐吸收水分变成硫酸钠，产生体积膨胀

$$Na_2SO_4+10H_2O=Na_2SO_4\cdot 10H_2O \tag{5-15}$$

当温度升高时，硫酸钠脱水分解，使其产生明显的体积收缩

$$Na_2SO_4\cdot 10H_2O=Na_2SO_4+10H_2O \tag{5-16}$$

盐胀作用多是盐渍土因昼夜大温差引起，多发生在地表下不深的地方。

2. 氯盐渍土

当混凝土长期处于含有氯盐的盐渍土环境下，O_2、Cl^- 会逐步进入内部，其孔隙液体 pH 值下降，钢筋受到腐蚀，发生体积膨胀，混凝土开裂，钢筋混凝土结构破坏。地基中存在氯盐为主的盐渍土时，含水率增加后，结晶盐极易溶解，土质变软，地基产生溶陷变形。

3. 碳酸盐渍土

碳酸盐对土工程性质的影响，与其化学成分有关。碳酸钙和碳酸镁等盐极难溶或微溶于水，对土起着胶结和稳定的作用；含碳酸钠和碳酸氢钠盐的土遇水后产生膨胀，两种盐遇水发生反应

$$Na_2CO_3+H_2O=NaHCO_3+NaOH \tag{5-17}$$

$$NaHCO_3+H_2O=H_2CO_3+NaOH \tag{5-18}$$

通过以上分析，可以发现，盐渍土中的化学效应主要依赖于盐渍土的种类。在实际工程中，需要岩土工程师准确把握盐分的种类与其中的化学反应过程，从而对工程的设计与施工做出准确分析。

5.3.5　盐渍土地区工程案例

南疆铁路库尔勒至喀什段全长 969.88km，是我国西北路网的重要组成部分，对新疆地区的经济发展具有巨大的推动作用。因所处地理位置特殊，沿线降雨、大风、气候等自然条件和工程、水文地质条件较为复杂。该段铁路于 1999 年 12 月开启运营，由于各种因素影响，盐渍土病害较为明显，特别是阿克苏和喀什段。据统计，病害累计长达 108km，不仅增加了养护难度和工作量，还严重影响了行车安全。据分析，该工程中盐渍土主要存在以下病害。

1. 盐胀

根据勘察报告，K931+200 ~ K940+329 段，主要盐渍土类型为亚硫酸盐渍土与硫酸盐渍土，局部含亚氯盐渍土。整段路肩表面泛碱严重，具有松胀现象及松软情况，脚踩下陷，松软深度 2 ~ 3cm。局部路基硫酸盐含量超过 2%，坡面有溶蚀现象，属于严重盐渍土病害路段。分析发现，南疆铁路地区日温差与年温差均较大，由于温度的变化，硫酸盐的体积时缩时胀，导致路基松胀，路基坡面和路肩破坏。由于其盐胀性严重，引起路基较大的变形。

2. 溶陷

根据勘察报告，K951+400 ~ K954+010 段，主要盐渍土类型为亚硫酸盐渍土。该段路基泛碱情况较严重，具有路基板结和松胀现象，路基形状已有坍塌情况。该工程盐渍土中多含有易溶盐，在干燥状态下它具有强度高、压缩性小的特点，遇水后可溶性盐类溶解。溶陷发生，地基在荷载或自重作用下下沉，对铁路路基的危害严重，导致铁路铁轨变形等破坏。

5.4　红黏土

红黏土颜色为棕色或褐黄色，覆盖于碳酸盐系之上，经红土化作用形成的高塑性黏土。其矿物成分主要为高岭石、伊利石和绿泥石等，如表 5-3 所示。

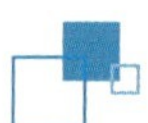

红黏土的矿物成分 **表 5-3**

粒组	碎屑	小于 2μm 的颗粒
成分	针铁矿、石英	高岭石、伊利石和绿泥石，部分土中还有蒙脱石、云母、多水高岭石三水铝矿

《岩土工程勘察规范》GB 50021—2001（2009 年版）规定，根据式（5-19）与表 5-4 对红黏土的软硬状态进行分类。

$$a_w = w / w_L \tag{5-19}$$

式中，a_w 为含水比，是当前含水率与液限的比值。

红黏土的状态分类 **表 5-4**

状态	$a_w \leqslant 0.55$	$0.55 < a_w \leqslant 0.70$	$0.70 < a_w \leqslant 0.85$	$0.85 < a_w \leqslant 1$	$a_w > 1$
含水比 a_w	坚硬	硬塑	可塑	软塑	流塑

水分对红黏土的物理性质具有显著影响，表现在“吸水软化、失水开裂”。在红黏土的地基勘察报告中，应着重注明其状态分布、裂隙发育特征及地基的均匀性。裂隙发育特征可以根据裂隙出现的频率判定，分为偶见裂隙、较多裂隙及富裂隙，如表 5-5 所示。

红黏土的裂隙发育特征 **表 5-5**

土体结构	致密状的	巨块状的	碎块状的
裂隙发育特征	偶见裂隙（< 1 条 /m）	较多裂隙（1 ~ 2 条 /m）	富裂隙（> 5 条 /m）

地基的均匀性方面，当地基压缩范围内岩土组成全部为红黏土时，地基可视为均匀性，当组成为红黏土与岩石时，地基可视为不均匀地基。

5.4.1 红黏土的工程特性

红黏土在力学性质上表现出高强度、中低压缩性的特点，被认为是比较好的天然地基土。然而，红黏土具有高含水率、高塑性、高孔隙比、低密度、压实性差等特殊物理性质，并呈现出胀缩性、裂隙发育性以及地基不均匀性（主要指上硬下软）等不良工程性质。尤其是红黏土在水分的侵蚀作用下，其物理力学性质将发生急剧变化，而这些变化是基础沉陷、纵裂、浅层滑塌等病害发生的根本原因。因此，将红黏土直接作为地基仍存在着很大的安全隐患。

鉴于红黏土易受水分影响的工程性质，应对土体含水率分布随初始压实状态的变

化过程及规律进行研究，进一步认识水分对红黏土的作用规律和红黏土路基应力场与变形场特征。在工程实践中，评价红黏土的力学性能十分困难，原因是缺乏合理的红黏土力学特性描述体系和标准评价方法。但以工程应用为目的红黏土评价方法已取得很大进步，可以通过重要的三个岩土工程特性来判定红黏土的工程应用价值。

1. 失水敏感性

失水过程中，黏土颗粒的团聚效应和矿物水合物的水分流失是引起红黏土性质发生改变的两个主导因素。颗粒分析试验表明，失水引起黏粒和粉粒集聚并向砂粒转变，这会导致土的液塑限值发生改变。次生矿物中，水合埃洛石、针铁矿、水合铝矿和水铝英石等最易受失水的影响，当遭遇含有这些矿物的红黏土时，应首先按照天然含水率状态确定其特性指标，然后获得不同干燥程度试样的特性指标。因此，需要评价全含水率范围内的工程特性以及确定工程中起主导作用的物理条件。

2. 干燥程度

水合红黏土具有高塑性和高黏粒含量的特点，不利于工程建设。但是，野外现场实际应用时发现，红黏土在一定条件下具有良好的工程特性。这种现象通常归因于干燥作用下倍半氧化物和黏土矿物由水合形式转变为脱水形式。虽然室内试验已论证脱湿对红黏土工程特性产生有利影响，但目前还不是很全面。为了合理地选择相应的试验方法，反映红黏土中氧化铁的脱水状态，首先要将水合红黏土和脱水红黏土区分开。

3. 聚集结构和重塑敏感性

红黏土中富含倍半氧化物，它覆盖在孔隙孔壁或充填在孔隙，能够把土颗粒胶结在一起，形成不同尺寸的粒状结构。当原状土遭受重塑或其他扰动后，粒状结构被破坏，从而导致土体塑性增强、承载能力降低和渗透性减弱。红黏土的液塑限和游离氧化铁的含量有关。当游离氧化铁去除之后，黏粒含量和液限将会大幅度增加。

通过液塑限来评判红黏土能否用于路基中的底层、基层还是面层，有时会造成一些误判。有学者认为，利用膨胀潜势来预测和评价红黏土在路面结构中的性能也许更有指导意义。确保现场性能满足要求的基础上，可允许发生一定的合理膨胀量。有学者建议潜在膨胀率（10%）作为“正常”红黏土和“问题”红黏土的界限判断标准。

5.4.2　红黏土的物理指标

常用的红黏土物理指标主要有天然含水率、天然密度和界限含水率。需要注意的是，红黏土与普通黏土相比，有一些物理性质的差异，其在物理指标测试中主要表现为以下几点。

（1）含水率 w、饱和度 S_r、塑性界限（液限 w_L、塑限 w_P）都很高，孔隙比 e 一般

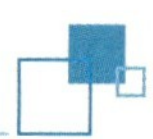

较大，但具有较高的强度和较低的压缩性，这与具有类似指标的一般黏性土力学强度低、压缩性高的规律完全不同。

（2）很多指标变化幅度很大，如天然含水率、液限、塑限、天然孔隙比等，与其相关的力学指标的变化幅度也较大。

（3）土中裂隙的存在，使土体与土块的力学参数尤其是抗剪强度指标相差很大。

这几种物理指标在土力学与土工试验方法标准中规定有明确的测试方法，在此不再赘述。

5.4.3 红黏土地区工程案例

贵阳龙洞堡国际机场位于贵州省贵阳市东郊龙洞堡地区，是中国西部地区重要航空枢纽。2015 年机场三期扩建工程新建一条近距离跑道，跑道长度 4000m，现有跑道向北延长 300m，达到 3500m。工程勘察报告提供了其拟扩建跑道范围的地质剖面，图 5-12 展示了部分地质剖面。从图 5-12 中可知，机场施工现场的岩土由浅至深依次为素填土、耕植土、硬塑红黏土、可塑红黏土与中风化白云岩。两类红黏土的主要物理指标如表 5-6 所示。

可以看出，该工程现场红黏土虽然压缩性低，但具有含水率高、孔隙比大的不良特性，红黏土本身具有失水易干裂、遇水强度骤降不良性质，且现场底部基岩表面起伏不平。综上所述，红黏土厚度分布不均，若不经处理，在上覆荷载作用下产生过大的工后沉降与差异沉降，造成上部机场道路开裂、边坡坍塌和路基破坏等问题。

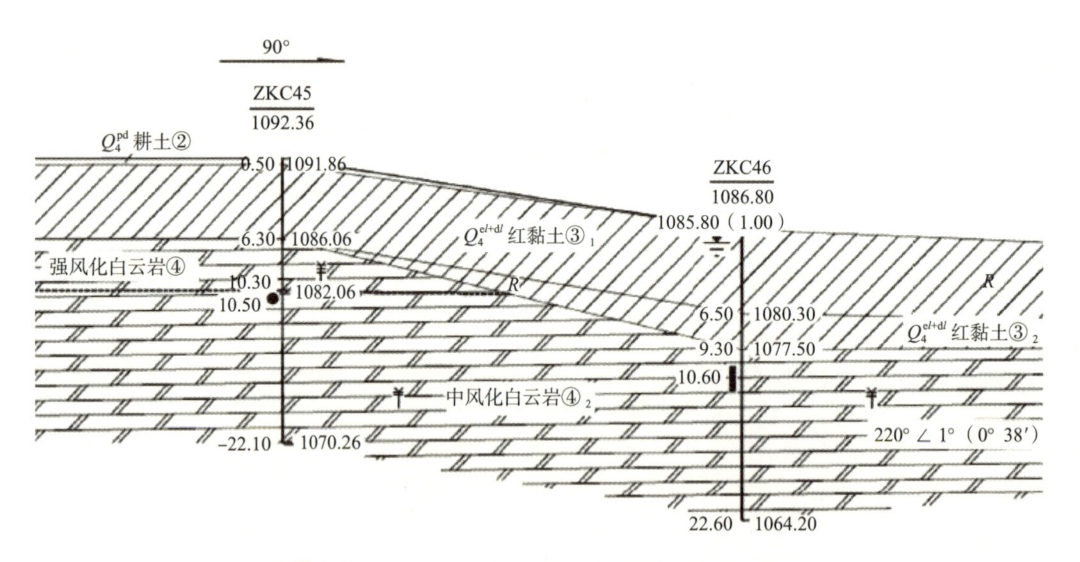

图 5-12 贵阳龙洞堡机场三期扩建工程地质剖面图

工程中红黏土的物理力学指标　　表 5-6

红黏土状态	天然含水率（%）	重度（kN/m^3）	天然孔隙比	渗透系数（$10^{-6}cm/s$）	界限含水率		压缩模量 $E_{s0.1\text{-}0.2}$（MPa）
					液限（%）	塑限（%）	
硬塑 a_w=0.65	39.60	18.10	1.12	6.17	60.36	33.50	6.40
可塑 a_w=0.77	53.93	16.90	1.51	4.68	69.75	38.90	7.20

5.5　泥炭土

泥炭土被归类为软土，其天然孔隙比大于 1，天然含水率高，具有高压缩性、低强度、高灵敏度、低透水性与高流变性的特点。泥炭土主要由以下几部分组成：一是有机质，主要包括植物残体和有机物质；二是矿物质，泥炭土中含有一定量的矿物质，通常来源于风化的岩石或通过水流带入的沉积物；三是水分，由于泥炭土的高孔隙率，水分在其中的含量通常较高。

5.5.1　泥炭土的形成和分布

1. 形成

泥炭土的形成是一个长期的过程，主要依赖于有机质的积累和保存。这一过程受到多种环境因素的影响，包括气候、地形、水文条件和植被类型。以下是泥炭土形成过程中有机质积累的详细过程及条件。

1）植物生长与死亡

泥炭土的有机质主要来自湿地植物，如苔藓、草类、灌木和树木。在水分充足、养分适中的条件下，这些植物在湿地环境中茂盛生长。植物的生长周期结束后，植物体的各部分（如叶、茎、根）死亡，开始分解和积累。这些死去的植物残体是泥炭土有机质的主要来源。

2）有机质的积累

泥炭土的形成需要低氧的环境，这种环境通常由高水位或水分饱和的条件提供。低氧环境减缓了有机质的分解速度，使得有机质能够积累。在低氧条件下，微生物的活动受到抑制，植物残体的分解速度极其缓慢。这种缓慢的分解过程有助于大量有机质的积累。苔藓（特别是泥炭苔）在泥炭土形成中扮演重要角色。苔藓的生长层和死亡层形成一个有机质的持续积累过程，使泥炭土的厚度不断增加。

3）有机质的保存

持续的水分饱和状态对于有机质的保存至关重要。高含水率和潮湿的环境能够阻

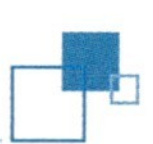

止氧气的进入，进一步减缓有机质的分解。泥炭地通常呈现酸性，这种酸性环境也有助于抑制微生物的活动，从而促进有机质的长期保存。在寒冷地区（如北欧和北美的高纬度地区），低温进一步减缓了有机质的分解速度，有利于有机质的积累和保存。

2. 分布

世界上的泥炭土集中分布在北半球温带、赤道与大西洋相邻的大陆。在我国，泥炭土分布特点具有明显的地域性，主要分布在 5 个聚积区：东北山地现代泥炭聚积区、西部高原现代泥炭聚积区、长江中下游平原埋藏泥炭聚积区、云贵高原埋藏泥炭聚积区与雷州半岛埋藏泥炭聚积区。

泥炭土多存在于沼泽沉积土、滨海沉积土与河滩沉积土中，在沼泽沉积土中，泥炭多露于地表，下部分布有淤泥与泥炭互层；在滨海沉积中，泥炭土多分布于溺谷相的边缘表层；在河滩沉积中，常有砂与泥炭互层，厚度一般不大。

5.5.2 泥炭土的工程性质

泥炭土具有含水率高、孔隙比大、压缩性高、抗剪强度低的特点，这些特点导致其工程性质极差。在工程中遭遇泥炭土地层，需要从物理性质、力学特性、化学性质与生物性质角度考虑其工程性质。

1. 物理性质与力学特性

泥炭土的固体成分形成的海绵状骨架极其脆弱，无法为工程建设提供足够的支撑能力。表 5-7 列出了三个区域泥炭土的物理力学指标。

泥炭土的物理力学指标 **表 5-7**

区域	地点	天然含水率（%）	天然重度（kN/m^3）	天然孔隙比	压缩系数（MPa^{-1}）	灵敏度
中国云南	昆明市滇池	301	10.9	6.83	4.11	5.4
日本北海道	札幌市	369 ~ 679	10.1 ~ 10.7	10	5.6	—
马来西亚	东海岸铁路沿线	446 ~ 515	10.5 ~ 10.7	11.22 ~ 12.39	—	—

由表 5-7 可知，除关注软土的实验室指标外，在物理性质与力学特性层面，需要关注其以下特点。

1）触变性

当原状土受扰动后，由于土体结构遭破坏，强度大大降低。触变性可用灵敏度 S_t 表征。

$$S_t = \frac{q_u}{q'_u} \tag{5-20}$$

式中，分子与分母分别为原状土与重塑土的无侧限抗压强度。工程中土的结构性分类如表 5-8 所示。

土的结构性分类 表 5-8

低灵敏性	中灵敏性	高灵敏性	极灵敏性	流性
$1 < S_t \leqslant 2$	$2 < S_t \leqslant 4$	$4 < S_t \leqslant 8$	$8 < S_t \leqslant 16$	$S_t > 16$

泥炭土地基受振动荷载后，易产生侧向滑动、沉降或基础下土体挤出的现象，这些都是泥炭土灵敏度高的体现。

2）流变性

流变性指软土在长期荷载作用下，除产生排水固结引起的变形外，还会发生缓慢而长期的剪切变形。泥炭土具有强流变性，对建筑物地基沉降有较大影响，对斜坡、堤岸、码头和地基稳定性不利。

3）高压缩性

泥炭土由于其高孔隙率和高含水率，压缩系数大而压缩模量小，具有很高的压缩性。在荷载作用下，泥炭土地基会发生显著的沉降。泥炭土在荷载作用下的沉降特性包括瞬时沉降和长期沉降。瞬时沉降是由土体的压缩性引起的，而长期沉降则与有机质的分解和进一步压缩有关。高压缩性对地基稳定性和结构安全性带来挑战。

4）低强度

软土的黏聚力与摩擦角都非常小。此外，其不排水抗剪强度一般小于 20kPa。泥炭土地基的承载力很低，软土边坡的稳定性极差。低抗压强度使泥炭土在工程应用中需要特别的地基处理和加固措施。

5）高含水率

泥炭土中含有大量水分，其含水率可高达 100% 以上。这不仅影响土的强度和稳定性，还增加了施工过程中的排水和处理难度。

6）透水性

泥炭土的含水率虽然很高，但透水性差，特别是垂直向透水性更差，垂直向渗透系数一般在 $i \times (10^{-8} \sim 10^{-6})$ cm/s 之间，属微透水或不透水层。在工程中，低透水性对地基固结、排水不利，所以泥炭土地基上建筑物沉降时间长，一般达数年以上。在加载初期，地基中常出现较高的超静孔隙水压力，影响地基土的抗剪强度。

7）不均匀性

由于沉积环境的变化，泥炭土均匀性差。例如三角洲相、河漫滩相软土常夹有粉

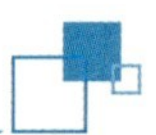

土或粉砂薄层，具有明显的微层理构造，水平向渗透性常好于垂直向渗透性。湖泊相、沼泽相软土常在淤泥或淤泥质土层中夹有厚度不等的泥炭或泥炭质土薄层或透镜体。作为建筑物地基易产生不均匀沉降。

2. 化学性质

1）温室气体排放

泥炭地层会持续向大气释放温室气体，如 CO_2 与 CH_4。自然条件下，泥炭湿地地下的 CO_2 浓度总体呈随地层深度增加而减少趋势，而 CH_4 浓度随深度增加而增加。研究发现，CO_2 和 CH_4 的排放随温度升高而增加，CH_4 受温度的影响程度比 CO_2 大。

2）腐殖酸对构筑物的影响

泥炭土中含有丰富的腐殖酸，它是生物有机残体在自然环境中经过一系列复杂的物理、化学和生物转变后，形成的一类褐色或黑色的高分散无定形高分子复合物。根据腐殖酸的来源不同，可分为煤质腐殖酸和土壤腐殖酸，前者主要来自于泥炭、褐煤和风化煤中，后者来源于土壤。尽管来源不同，但两种腐殖酸具有相似的结构和性质，都含有羟基、羧基、羰基、醌基等官能团。腐殖酸会对地下建筑结构和构件产生腐蚀劣化作用，导致其原有结构破坏、强度降低，最终危及整个建（构）筑物的使用寿命和安全性。

从微观结构来看，有机质颗粒比大多数黏土矿物颗粒还要小，呈圆粒状、分子结构不紧密，呈絮凝状结构，微孔隙发育，且呈链状联结而成的集粒。腐殖酸类物质的结构特征在相当程度上决定了其持水性和吸附性都很强，腐殖酸类物质颗粒吸附于水泥颗粒及黏土颗粒表面，对水泥产生化学腐蚀作用。有研究记录，土中腐殖酸的 pH 值达到了 1.5。腐殖酸与水泥接触的同时便与水泥水化产物发生反应，长期作用的结果是使水泥试件的孔隙增加，力学性能降低。

5.5.3 泥炭土地区工程措施

泥炭土由于其高有机质含量和低密度，通常在工程中面临许多挑战，出于必要的经济、环境与技术条件的考虑，在工程建设中须尽可能避开泥炭土地层。面对人口增长带来的建筑建设需求与安全用土土地面积稀缺等不可控条件，如果不能避开大面积覆盖的泥炭层，岩土工程师则需要根据不同的工程需求，考虑泥炭土地基换填、预压、加固和排水等措施，以确保工程的安全施工和稳定运行。

1. 道路工程

在含有泥炭土的地层上建设道路，容易导致路基沉降和稳定性问题。所采取的措施主要如下。

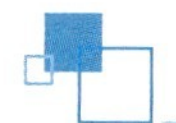

（1）换填法：将泥炭土挖除，换填较稳定的砂土或碎石土料。

（2）预压法：在施工前对泥炭土进行预压，使用砂垫层或预压板将泥炭土的水分挤出，使其密度增加。

（3）加固法：使用石灰、粉煤灰等材料对泥炭土进行加固处理，增加其承载力。土层的加固措施请见第 6 章。

（4）排水法：设置排水系统，降低泥炭土的含水率，增加土体稳定性。

典型案例如北海道高速公路工程。2002 年日本北海道札幌市郊区三原高速公路建设项目中，勘察发现路基底部泥炭土含水率达到了 600%，泥炭土孔隙比最大达到了惊人的 21，压缩指数达到了 5.6。多项工程指标表明，路基下的泥炭土具备较高的压缩性与极低的地基承载力，不适合工程建设，尤其是对沉降控制要求很高的高速公路。为了应对地基中的泥炭土对路基可能带来的大范围沉降与不稳定性问题，施工过程中采取了预制排水沟与加筋路堤结合的措施，加速泥炭土固结排水，增强其地基承载力。一期路基施工完成时，路基土的固结度达到了 80%，路堤表面土的不排水抗剪强度显著提高。

2. 基础工程

在含有泥炭土的地层建设建筑物，地基沉降和不均匀沉降问题突出，通常采取如下措施。

（1）桩基础：使用钢筋混凝土桩或钢桩穿透泥炭层，将建筑物的荷载传递至坚硬的基岩层或较稳定的土层。

（2）复合地基：结合桩基础和地基加固技术，如利用碎石桩和砂桩等，提高地基的承载力和稳定性。

（3）深层搅拌：使用机械将泥炭土与水泥等固化剂进行深层搅拌，形成稳定的固化土，以提高地基承载力。

典型案例如美国华盛顿的一处建筑。1997 年，美国华盛顿州萨姆纳市当地部门计划在一个含有泥炭土的场地上建造一座三层木结构设施。由于当地地下水位较高，预期排水与加固效果难以达到预期标准，采用超开挖替代泥炭土的替代支护方法也不适用于该工程地基处理。工程最终采用夯实骨料墩的方法进行加固，以形成刚度较大的复合地基，这种复合地基可以提供较高的地基承载力，较好地控制沉降变形。现场监测结果表明，建筑结构的总沉降小于设计沉降值 25mm。

3. 堤坝工程

在泥炭土区域建设堤坝，容易发生滑坡、沉降和渗漏等问题，通常采取如下措施。

（1）基底加固：在堤坝基础上使用砂垫层或碎石垫层，提高基底的稳定性。

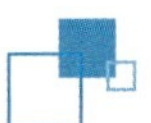

（2）堤坝加固：在堤坝施工过程中，使用土工布、土工格栅等材料进行加固，提高堤坝的整体稳定性。

（3）排水系统：设置完善的排水系统，降低泥炭土的含水率，减少渗漏风险。

典型案例如苏布雷水电站主坝体工程。该工程位于科特迪瓦西部，地处热带雨林气候下的平原地区，沼泽属平原沼泽。沼泽地土层为泥炭土，含水率极高且排水困难，承载力很小，工程性质极差。在其上直接建坝，存在施工安全隐患，建成后工程质量无法保证。工程师采用了定期清理泥炭土，并在坝基抛撒碎石的方法，用于增强承载能力及加固基础。

思考与习题

5-1 简述几种黏土矿物的结构单元与结晶构造特征。

5-2 简述电泳现象与电渗现象的概念。

5-3 简述盐渍土的三相组成。思考盐分增加与水分增加的过程中，盐渍土中三相成分的变化。

5-4 盐渍土主要会引起哪几种工程病害？

5-5 红黏土与普通黏土相比，有哪些物理性质的差异？

5-6 泥炭土极差的工程性质，体现在其哪些力学特性上？

第6章 土的工程改良

导读： 土质改良是岩土工程中常见的处理手段，本章主要讲述物理改良、化学改良和生物改良三大类土质改良方法的原理、特点和适用范围等。

前面5章内容首先确定了环境土力学的科学内涵，随后分别讲述了以“力、热、水、化”为主要环境因素的物理、力学和化学过程。可以发现，环境效应对土的工程性质具有非常显著的影响，并带来一系列工程问题。理解这些物理力学过程，认识这些环境效应，一方面在工程建设中能够有效解决可能出现的问题，另一方面，可以充分利用相应的手段对土进行工程改良，以期达到改善土壤环境和工程性质的目的。

土的改良起源于土壤学、生物学和生态学等学科，其目的是为农作物的生长创造良好的土壤环境条件。随着岩土工程学科的发展，这项技术逐渐被应用于土的工程性质改良（图6-1）。土的工程性质改良实质上是人为地用物理、化学和生物等方法，通过改变土的成分和结构，以达到改善土的强度、刚度和渗透性等工程性质的目的。

图6-1　土的工程改良

6.1 土的物理改良

土的物理改良是利用物理方法对土的工程性质进行改善，以满足工程建设需求的技术手段。这类方法很多，在岩土工程中，考虑环境因素的影响，本节主要介绍软土地基的预压、湿陷性黄土地基的预湿以及多年冻土层的预融等技术。

6.1.1 软土地基的预压

预压固结法又称排水固结法，简称为预压法，是在建筑物修建以前，通过对地基提前加载使地基的固结沉降基本完成，以提高地基承载力并减小工后沉降，其工作机理如图 6-2 所示。在施工前给地基施加一预压荷载 $\Delta\sigma$，地基土在预压荷载下完成固结（即 *AB* 段），使得孔隙比显著减小，此时预压工序完成；然后卸除预压荷载，地基土发生回弹（即 *BC* 段）；此后，随着上部建筑物施工的进行，地基土发生再压缩（即 *CD* 段），可见预压使得地基土的孔隙比相对减小 Δe。因此，在施工前通过对地基土进行预压，可使地基的部分沉降在预压期间提前完成。同时，预压法提高了地基密度，增加了地基土的抗剪强度，从而可以提高地基承载力和稳定性。

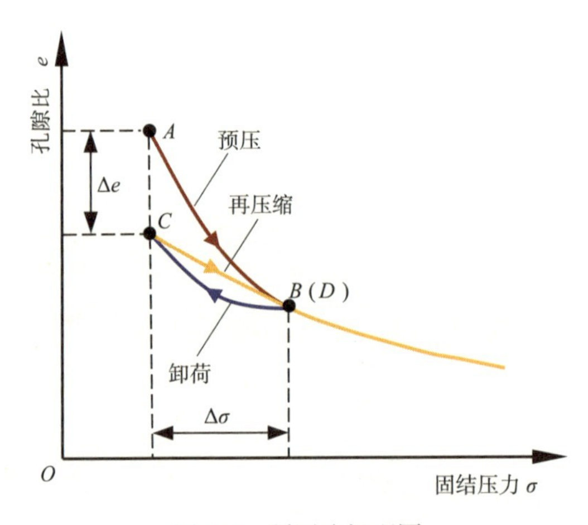

图 6-2 预压法机理图

预压法常被用于解决软土地基（如淤泥、淤泥质土、泥炭和泥炭质土等）的沉降和稳定问题。如果以变形控制为主要目的，当地基土经预压所完成的变形量和平均固结度满足设计要求时，方可卸去预压的荷载；如果以地基承载力或抗滑稳定性控制为主要目的，当地基土经预压后其强度满足建筑物地基承载力或稳定性要求时，方可卸载。

预压固结法由加压系统和排水系统两部分组成。加压系统，即施加荷载的系统，通过增加地基土的固结压力使土完成固结。根据施加压力形式的不同，预压法可分为堆载预压法、真空预压法和联合预压法。排水系统由水平排水垫层和竖向排水体构成，主要用于改善地基土原有的排水边界条件，增加排出孔隙水的途径。地基土的排水固结效果与排水边界条件有关。当土层厚度相对于荷载宽度较小时，土层中的孔隙水将向上下透水层排出而使地基土发生固结，即竖向排水固结（图 6-3a）。根据一维固结理论可知，软土层越厚一维固结所需的时间越长。为了加速土层固结，可在天然地基中设置砂井等竖向排水体增加排水途径，使大部分孔隙水改变流向，先从水平向进入砂井再竖向排出（图 6-3b）。水平排水垫层往往采用中砂和粗砂，砂料不足时可用砂沟代替砂垫层。竖向排水体可以选用普通砂井、袋装砂井或塑料排水板。在软土层较薄或地基土渗透性较好且工期较长的情况下，可以仅在地面铺设一定厚度的砂垫层，然后加载使地基土层中的水竖向流入砂垫层并排出。在软黏土层较厚、透水性较差时，则需在地基土中设置竖向排水体，并在地面连接排水砂垫层，以构成排水系统。

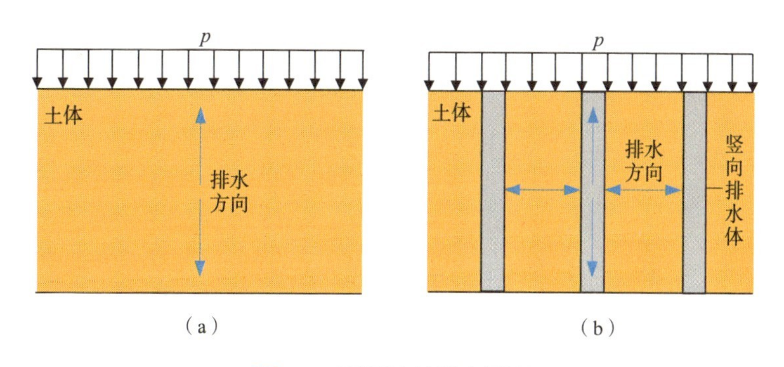

图 6-3 预压法的排水原理

（a）天然地基竖向排水；（b）砂井地基竖向排水

1. 堆载预压法

堆载预压法是利用堆加的重物作为预压荷载，促使地基排水、固结、压密，以提高地基强度，减少在设计荷载作用下产生工后沉降的处理方法，如图 6-4 所示。在堆载的竖向压力作用下，地基中形成正的超静孔隙水压力，地基发生排水固结，即正压固结。堆载预压过程中，有效应力的增长通过超静孔隙水压力的消散来实现。堆载预压可用于处理较厚的淤泥和淤泥质土地基。堆载通常采用土、碎石、水或建筑物自重等。如果是为了控制沉降，可预先堆载加压，以使地基土在建筑物修建前就基本完成固结沉降；如果是为了增加地基土的抗剪强度，则可利用建筑物本身的自重来加

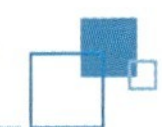

压，此时只需放慢施工速度或增加排水速率，使地基土的强度增长率与自重增加率相适应。

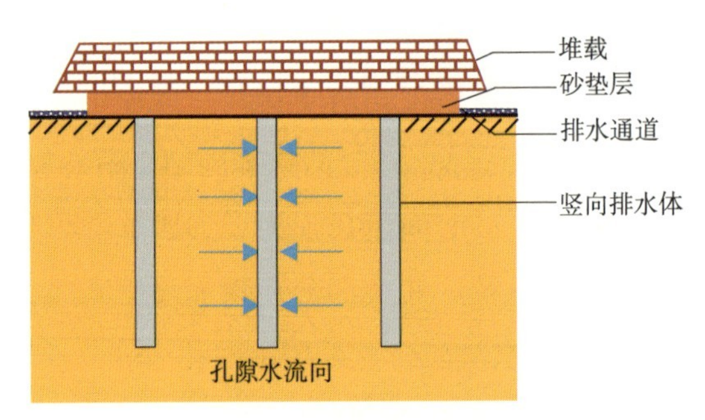

图 6-4 堆载预压法示意图

参考《公路软土地基路堤设计与施工技术细则》JTG/T D31-02—2013，堆载预压法根据是否超载分为等载预压、超载预压和欠载预压。其中，超载预压可以有效减少使用期间的沉降。经超载预压后，受压土层各点的有效竖向应力大于建筑物荷载引起的相应点的附加应力，则可以降低今后在建筑物荷载作用下产生的固结沉降量。超载预压实质上是加速固结沉降的过程，但需要注意超载过快有发生地基失稳的风险。

堆载预压根据土质情况可分为单级加载和多级加载。当天然地基土的强度满足预压荷载下地基土的稳定性要求时，可一次性加载。否则，预压荷载需要分级加载，并保证每级荷载下地基的稳定性。预压时间应根据建筑物的要求以及地基固结情况决定，并应考虑堆载大小和速率对堆载效果和周围建筑物的影响。例如，软黏土地基的抗剪强度通常较低，堆载预压通常需要分级渐进式加载，而不能快速加载。在进行加载时，须等待上一级荷载下地基强度增加到足以承受下一级荷载时才能继续增加荷载，具体计算步骤如下。

（1）工程中常用斯肯普顿极限荷载的半经验公式，计算第一级容许施加的荷载 F_1。

$$F_1=\frac{5c_u}{K}\left(1+0.2\frac{B}{A}\right)\left(1+0.2\frac{D}{B}\right)+\gamma D \tag{6-1}$$

式中 K——安全系数，一般采用 1.1 ~ 1.5；

c_u——天然地基土的不排水抗剪强度；

γ——基底标高以上土的重度；

A、B——分别为基础的长边与短边；

D——基础埋深。

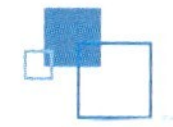

（2）计算第一级荷载下地基土强度增长值。在 F_1 荷载作用下，经过一段时间预压，地基土强度会提高，提高后的地基土强度为 c_{ul}。

$$c_{ul}=\eta\left(c_u+\Delta c_u'\right) \tag{6-2}$$

式中　η——考虑剪切蠕动及其他因素的强度的折减系数；

$\Delta c_u'$——F_1 作用下地基土因固结而增长的强度。

（3）计算 F_1 作用下达到所确定固结度需要的时间。

达到某一固结度所需时间可由饱和土体一维固结理论中固结度与时间的关系求得，其目的是确定第一级荷载恒定加载的时间，亦确定第二级荷载开始施加的时间。

（4）根据第（2）步所得到的地基土强度 c_{ul}，计算第二级允许施加的荷载 F_2，可按费伦纽斯公式近似估算

$$F_2'=\frac{5.52c_{ul}}{K} \tag{6-3}$$

求出在 F_2 作用下地基固结度达到某一假定值时土的强度以及所需要的时间，然后计算第三级所能施加的荷载，依次可计算出以后的各级荷载和恒定加载的时间，这样即可初步确定加载计划。

（5）按以上步骤确定的加载计划进行每一级荷载下地基的稳定性验算。如稳定性不满足要求，则调整加载计划。

（6）计算预压荷载下地基的最终沉降量和预压期间的沉降量，并确定预压荷载卸除的时间。

2. 真空预压法

真空预压法是通过利用真空泵或其他手段对地基土抽真空形成的气压差作为预压荷载，进而加速地基排水固结，提高地基土工程特性的方法。在预压过程中，该方法是在地基中形成负的超静孔隙水压力的条件下进行排水固结，称为负压固结。真空预压法示意图如图 6-5 所示，首先在土体表面铺设透水砂垫层或砂砾垫层，并在地基内设置竖向排水体，如普通砂井、袋装砂井或塑料排水板。然后，利用不透气的塑料薄膜或橡胶布覆盖在透水砂垫层上，并将薄膜四周埋入土中以隔绝土体与大气接触。通过在砂垫层内埋设的水平吸水管道，利用水气分离抽真空设备进行抽气使膜内保持较高的真空度，使得地基土中形成负的超静孔隙水压力，孔隙水不断被排出，从而达到预压效果。

真空预压法适用于处理以黏性土为主的软弱地基。根据《建筑地基处理技术规范》JGJ 79—2012，当存在粉土、砂土等透水、透气层时，加固区周边应采取确保膜下真

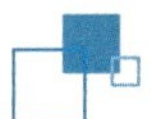

空压力满足设计要求的密封措施；对于塑性指数大于 25 且含水率大于 85% 的淤泥，应通过现场试验确定其适用性；对于加固土层上覆盖有厚度大于 5m 以上的回填土或承载力较高的黏性土层时，不宜采用真空预压处理；对于表层存在良好的透气层或在处理范围内有充足水源补给的透水层，应采取有效措施隔断透气层或透水层。

真空预压与堆载预压虽然都是通过孔隙水压力减小而使有效应力增加，但它们的加固机理不同，由此引起的地基变形、强度增长的过程也不尽相同。真空预压法与堆载预压法的具体区别，如表 6-1 所示。

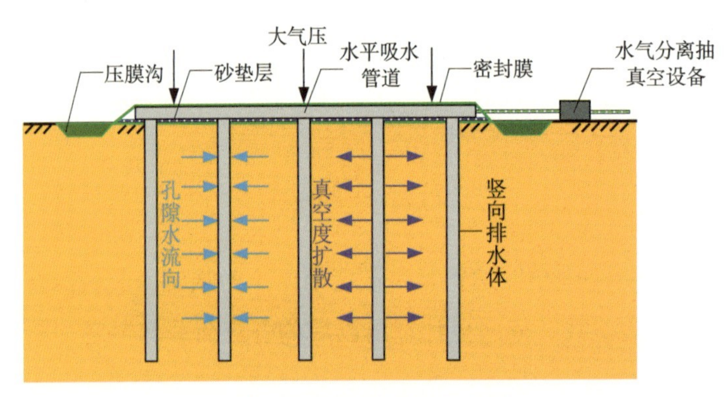

图 6-5　真空预压法示意图

堆载预压法和真空预压法的区别　　表 6-1

	堆载预压法	真空预压法
加载方式	堆重，如土、碎石、水或建筑物自重	真空泵、真空管、密封膜提供稳定负压
地基土中总应力	增加	不变
地基土中水压力	正的超静孔隙水压力	负的超静孔隙水压力
加载速率	需要严格控制逐级加载，以防地基失稳	无需控制
工程量及成本	工程量大，投资高	经济但技术复杂

3. 联合预压法

真空－堆载联合预压法是在真空预压法基础上发展起来的，是真空预压和堆载预压两种方法的叠加，可以促使土体充分排水固结，其示意图如图 6-6 所示。真空预压是通过逐渐降低土体孔隙水压力，在不增加总应力的情况下增加土体有效应力；堆载预压则是通过增加土体总应力和孔隙水压力，并随着孔隙水压力逐渐消散而使有效应力增加。因此，当采用真空－堆载联合预压法时，既可抽真空降低孔隙水压力，又可通过堆载增加总应力。开始抽真空时，土中孔隙水压力降低，有效应力增大；经过一段时间后，在土体稳定的情况下进行堆载，使土体产生正孔隙水压力，与抽真空产生的负孔隙水压力叠加，这种叠加作用使得地基加固更为有效。因此，在实际工程中，真空－堆载联合预压法是一种有效且可靠的处理方法。当建筑物的荷载超过真空预压的压力，或建筑物对地基变形有严格要求时，可采用真空－堆载联合预压法，其总压力应超过建筑物的竖向荷载。

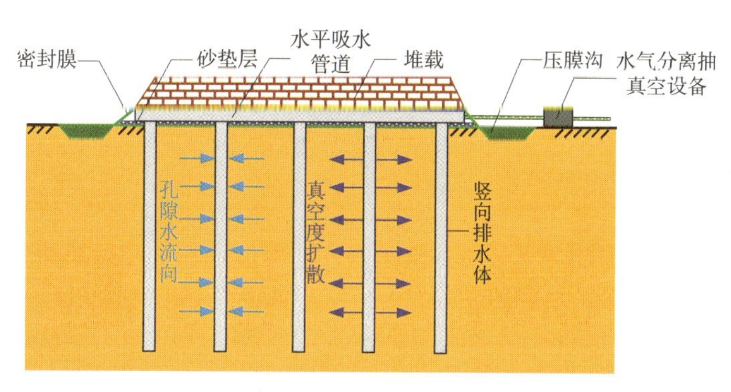

图 6-6 真空－堆载联合预压法示意图

联合预压法的工艺流程为：铺砂垫层－设置竖向排水体－铺膜－抽气－堆载并继续抽真空－排水固结完成。需要注意的是，当堆载较大时，真空－堆载联合预压应采用分级加载，分级数应根据地基的稳定性计算确定。分级加载时，应待前期预压荷载下地基的承载力增长满足下一级荷载下地基的稳定性要求时，方可增加堆载。同时，堆载前必须在密封膜上铺设防护层，以保护密封膜的气密性，发现漏气问题时则需要及时处理。

6.1.2 湿陷性黄土地基的预湿

在第 4 章中曾经讲述过，黄土的湿陷是变形量大，发展速度快的沉降变形，在工程实践中经常会遇到地基不均匀沉降问题，造成严重工程事故。因此，在湿陷性黄土地区进行工程建设时，需要对建筑物地基采取相应的措施，以确保工程的安全和正常使用。

1. 湿陷性黄土地基设计与处理

有针对性地采取改善土体性质和结构的措施，是解决湿陷性黄土地基安全隐患常用的工程技术，如减小渗水性和压缩性，控制湿陷性发生，并消除部分或全部湿陷性，以确保地基安全。选择地基设计与处理方法时，需要考虑建筑物类别和岩土工程勘察对地基的湿陷性评价结果等因素，通过技术经济综合分析确定最佳方案。总的来说，

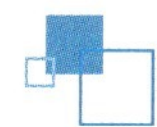

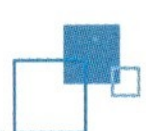

湿陷性黄土的地基设计与处理措施主要遵循以下两个原则。

（1）避免将基础直接设置在非湿陷性土层上。避开湿陷性黄土地层是最为有效的方法。如果无法避开，在进行地基基础设计时，可采用桩基础穿透全部湿陷性黄土层，将力传递至非湿陷性土层或可靠的持力层。

（2）消除地基的全部或部分湿陷量。根据《湿陷性黄土地区建筑标准》GB 50025—2018，常见的湿陷性黄土地基处理方法有垫层法、强夯法、挤密法、预浸水法、注浆法等，各类方法的适用范围如表 6-2 所示。

湿陷性黄土的地基处理方法　　表 6-2

方法名称	适用范围	可处理的湿陷性黄土层厚度（m）
垫层法	地下水位以上	1 ~ 3
强夯法	饱和度 $S_r \leqslant 60\%$ 的湿陷性黄土	3 ~ 12
挤密法	饱和度 $S_r \leqslant 60\%$，含水率 $w \leqslant 22\%$ 的湿陷性黄土	5 ~ 25
预浸水法	湿陷程度中等~强烈的自重湿陷性黄土场地	地表下 6 m 以下的湿陷性土层
注浆法	可灌性较好的湿陷性黄土（应经试验验证注浆效果）	现场试验确定
其他方法	经试验研究或工程实践证明行之有效	现场试验确定

湿陷性黄土是一种受水分效应影响较为显著的特殊土，在上覆土层自重应力和附加应力作用下，易因浸水而发生结构破坏。水是其关键，如果事先将其浸水，可提前消除风险，下面对预浸水法进行详细介绍。

2. 预浸水法

在建筑物修建前，通过大面积浸水的方式，使湿陷性黄土在饱和自重应力作用下发生湿陷产生压密，以消除黄土层湿陷性的方法被称作预浸水法。预浸水法示意图如图 6-7 所示，其结构包括注水泵、铺设在地基表面的保护层、覆盖在保护层上方的负载层以及注水管等。保护层的四周均埋设在土层中，负载层可由高强度建筑材料堆载而成。注水管顶端穿过保护层和负载层与主水管相连，水经过主水管和多个注水管后流入土体。

预浸水法通常适用于处理自重湿陷性黄土层厚度大于 10m、自重湿陷量的计算值不小于 500mm 的场地，可消除地面 6m 以下的土层全部湿陷性，地面下 6m 以上土层的湿陷性也可大幅度减小，具有施工简单、处理效果良好等优点。然而，预浸水法也存在用水量大、工期长等不足。一般情况下，一个场地从浸水起至下沉稳定，土的含水量降低到要求水平所需的时间较长，且用水量消耗较大。因此，预浸水法只适用于

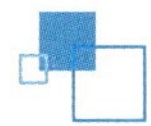

具备充足水源、有较长施工准备时间的工程建设。此外，由于浸水时场地周围地表会下沉开裂，容易造成“跑水”穿洞，影响建筑物安全，所以空旷的新建地区较为适用。

采用预浸水法进行地基施工时，浸水前首先需要结合地基湿陷性黄土层的特征，通过现场试坑浸水试验确定浸水时间、耗水量和湿陷量等，并根据处理范围确定浸水面积，注水管深度需要结合工程地质条件确定，以工程勘察为准。然后根据地形条件布置开挖浸水坑，在坑内用钻机打砂井并填充粗砂和碎石。最后根据施工方案进行连续放水浸泡。通常情况下，浸水坑的边长不得小于湿陷性黄土层的厚度，当浸水面积较大时，可分段浸水以确保稳定性。为防止浸水过程影响土体稳定性以及周边邻近建筑物的安全使用，在处理自重湿陷性黄土地基时，坑边界距离既有建筑物应不少于50m。浸水时应连续，浸水后应进行排水固结沉降观测，以最后5d的平均湿陷量小于1mm/d作为沉降稳定标准。需要注意的是，由于预浸水法会消除一定范围内黄土的湿陷性，因此在基础施工前需补充勘查并重新评定地基的湿陷性。若不满足工程要求，可采用垫层法或其他处理方法处理未消除湿陷性的黄土层。

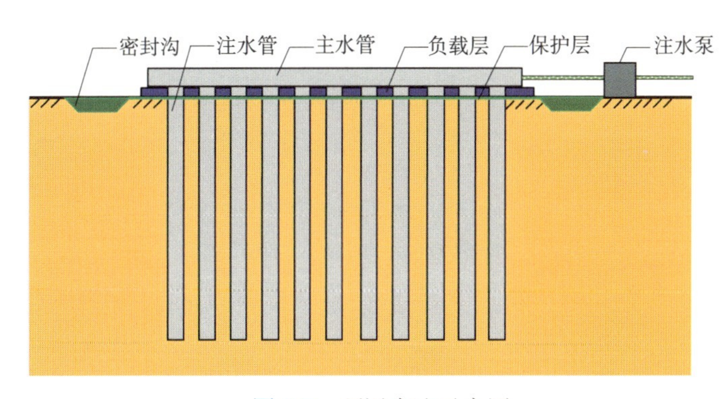

图6-7　预浸水法示意图

6.1.3　多年冻土层的预融

第3章曾经介绍过，温度持续2年或2年以上保持在0℃或以下，并含有冰的土层被称为多年冻土层。近年来，多年冻土地区的工程活动不断增加，改变了地气间的热交换条件和水热输运过程，导致路基内热量积累，再加上气候变暖的影响，下伏多年冻土温度升高。如果多年冻土融化，会出现土体强度降低和排水固结引起的沉降等问题，对工程建设和设施的安全性造成严重威胁。因此，在多年冻土地区开展工程活动时同样需要采取一些必要措施，以确保多年冻土地区工程的安全与稳定。

1. 多年冻土地区的工程设计

首先，在多年冻土地区建筑物选址时，应尽可能选择基岩出露地段和粗颗粒土分

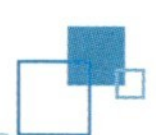

布地段，在零星岛状多年冻土区，不宜将多年冻土作为地基。如若无法避开多年冻土层，可采用下列 3 种状态之一进行设计。

（1）保持冻结状态：在建筑物施工和使用期间，地基土始终保持冻结状态。

（2）逐渐融化状态：在建筑物施工和使用期间，地基土处于逐渐融化状态。

（3）预先融化状态：在建筑物施工前，使多年冻土融化至计算深度或全部融化。

其次，在多年冻土地区进行工程建设时，与非冻土地区一样，需要进行地基承载力、变形及稳定性等验算。在确定冻土地基承载力时，必须预测建筑物地基土的强度，采用建筑物使用期间最不利的地温状态来确定冻土地基承载力是最为安全的。由于冻土具有区域特殊性，暂时没有统一的冻土地基承载力的确定方法和确定原则，目前可采用地基载荷试验初步确定冻土区的地基承载力。

2. 预先融化法

将多年冻土预先完全或部分融化至所需深度以进行工程建设，并在施工时保持其处于融化状态的地基处理方法被称为预先融化法，简称预融法。预先融化冻土可采用人工加热或利用太阳能加热的方式，无论采用哪种方法预融都需要对冻土地基进行事先勘查，测定冻土的基本物理指标，计算出冻土融沉系数，从而确定其融沉特性。其中，融沉系数 δ_0 可按式（6-4）计算。

$$\delta_0 = \frac{h_1 - h_2}{h_1} = \frac{e_1 - e_2}{1 + e_1} \tag{6-4}$$

式中 h_1、e_1——冻土试样融化前的高度和孔隙比；

h_2、e_2——冻土试样融化后的高度和孔隙比。

预融法的适用范围需根据实际情况来确定，选用依据包括冻土年平均地温、含冰量以及冻土层厚度等。参考《冻土地区建筑地基基础设计规范》JGJ 118—2011，如果建筑场地内有零星岛状多年冻土分布，并且建筑物平面全部或部分布置在岛状多年冻土范围之内，采用保持冻结状态或逐渐融化状态均不经济时，宜采用预先融化状态进行地基设计。对于预先融化状态的设计，当冻土层全部融化时，应按季节冻土地基设计。预先融化法可以软化冻土，降低施工难度，提高效率，如减少挖掘过程中的机械力量和时间需求，从而降低能源消耗和工程成本。然而，采用预先融化法可能会对生态系统和环境造成负面影响，如影响生物多样性和生态平衡，增加能源消耗和环境污染，并引发地下水位升高和水质污染等问题。因此，在使用预先融化法时，需要全面考虑这些因素影响，并采取相应的措施以确保工程安全和环境保护。

当采用预先融化法设计施工时，预先使多年冻土层融化至计算深度，如其变形量超过建筑的允许值时，即可根据多年冻土的融沉性质和冻结状态，采用粗颗粒土置换

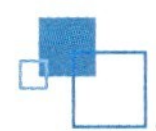

细颗粒土。同时，加大基础埋深和采取必要的结构措施，如增强建筑物的整体刚度等。需要注意的是，当冻土层全部融化时，应按季节冻土地基设计。当地基冻土融化、压缩下沉量大于允许值时，可以考虑采取预融一部分地基土来减少建筑物基础的下沉量。

6.2 土的化学改良

土的化学改良是在土中加入添加物，通过化学反应来修复土壤环境或改善土工程性质的方法。常见的化学改良方法可分为四大类，即无机胶凝材料改良、高分子材料改良、离子固化剂改良和电渗法联合化学固化法改良。

6.2.1 无机胶凝材料改良

无机胶凝材料是一类由无机化合物构成的胶凝材料，根据其凝结硬化条件的不同，可以分为气硬性和水硬性两类。气硬性胶凝材料如石膏和石灰，只能在空气中凝结硬化，也只能在空气中保持及发展其强度，因此适用于干燥环境，不适用于潮湿环境或水中使用。水硬性胶凝材料如水泥，在空气和水中均能硬化，因此既适用于干燥环境，也适用于潮湿环境或水下工程。

1. 石灰改良

石灰作为一种气硬性无机胶凝材料，是将以 $CaCO_3$ 为主要成分的天然岩石，经高温（900 ~ 1100℃）煅烧排出 CO_2 后得到的成品，其主要成分为生石灰（CaO）。在污染土的化学修复技术中，通常是向土中添加石灰，促使一些重金属（如铅、铜和锌）形成氢氧化物沉淀。此外，石灰可与酸性土壤黏粒具有的交换性 Al 或有机质相互作用。在中和反应过程中，土中 H^+ 或 Al^{3+} 可以通过离子交换反应将土壤黏粒交换点位上原有的非活动性 Ca^{2+} 转变为有效 Ca^{2+}，从而改善土的结构，并增加其凝聚性。

在工程建设活动中，使用石灰改良前需要将生石灰进行熟化，即生石灰与水作用生成熟石灰 [$Ca(OH)_2$]。根据石灰用途及用水量的不同，生石灰熟化分为消石灰膏法和消石灰粉法。其中，消石灰膏法用于调制石灰砂浆或水泥石灰混合砂浆作为抹灰及砌筑材料，用水量为石灰质量的 3 ~ 4 倍；消石灰粉法用于拌制石灰土（石灰、黏土）和三合土（石灰、黏土、砂或炉渣），实际用水量为石灰质量的 60% ~ 80%。由于消石灰粉的可塑性好，在夯实或压实下，石灰土和三合土的密实度增加，并且黏土中含有少量的活性氧化硅和活性氧化铝，与 $Ca(OH)_2$ 反应生成少量水硬性产物——水化硅酸钙，因此石灰土与三合土的密实度、强度和耐水性得到改善，常用于建筑物基础和道路垫层。

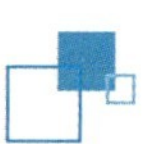

2. 水泥改良

水泥是一种多组分的人造矿物粉料，经高温加热而成的一种水硬性无机胶凝材料，加水后能发生水化反应，并逐渐凝结硬化。水化过程中产生的水化硅酸盐是一种由不同聚合度的水化物所组成的固体凝胶，在农业生产方面可以对土壤中的有害物质进行物理包裹吸附。同时，水化过程中的强碱性环境对重金属的浸出性能有一定的抑制作用。

水泥作为使用较为广泛的改良材料，已应用于软土地区、膨胀土地区、泥质板岩地区及冻土地区的地基加固处理，改良效果较好。在工程应用中常采用水泥注浆加固法，即将水泥浆液作为固化剂注入砂土、粉土、黏性土和人工填土等地基中以使其加固，浆液采用普通硅酸盐水泥。对有地下水流动的软弱地基，不宜采用单液水泥浆，对人工填土地基，应采用多次注浆，注浆量和注浆有效范围需要根据现场注浆试验确定。除水泥注浆加固法外，水泥还可用于水泥土桩复合加固法中，包括水泥土搅拌桩、夯实水泥土桩和水泥粉煤灰碎石桩等复合地基处理，具体适用性及水泥掺入量可详见《建筑地基处理技术规范》JGJ 79—2012。例如，将软土和水泥搅拌，利用水泥和软土之间所产生的一系列物理、化学反应，使软土硬结成具有整体性、水稳性和一定强度的加固体，从而提高软土地基土的强度。可见，水泥注浆加固与水泥土桩复合加固的机理相同，即水泥水化产生的水化硅酸钙等物质可以填充土颗粒之间的孔隙，起到胶结作用。同时，水化作用产生的氢氧化钙以结晶形式出现在土颗粒表面以填充土颗粒孔隙，进而增强土的强度。

3. 粉煤灰改良

粉煤灰是从煤燃烧后的烟气中收捕下来的细灰，通常是一种匀质级配材料，其颗粒的粒径范围为 0.5 ~ 300μm。具有比表面积大、吸水性强、成本低等特点，主要成分为 SiO_2、Al_2O_3 和 CaO 等。在农业生产中，粉煤灰不仅能够改善盐碱土壤的物理结构，还可以调节土壤的 pH 值，并提供作物生长所需的微量元素。在岩土工程中，粉煤灰被越来越多地用来改良地基土。尽管粉煤灰本身不具有胶凝和水硬特性，但在水环境中以粉末状存在时，它会与 $Ca(OH)_2$ 等金属氢氧化合物发生化学反应，生成具有胶凝和水硬性能的化合物。因此，在土体中添加一定量的粉煤灰，可以通过水化作用和离子交换提高土体的强度。

6.2.2 高分子材料改良

高分子材料又称聚合物或高聚物材料，是由许多重复单元组成的大分子化合物，主要由 C、H、O、N 等元素组成，并通过共价键连接形成长链或支链结构。通过将高分子材料与土混合，可以有效改善土的工程性质。高分子材料可根据其来源和性质分为天然高分子材料和合成高分子材料。天然高分子材料是存在于动物、植物及生物体内的高分子物质。在工程应用中，天然高分子材料主要包括黄原胶、糯米浆等；合成高分子材料主要包括合成树脂和合成纤维。与合成高分子材料相比，天然高分子材料具有绿色环保等优势。

1. 天然高分子材料改良

1）黄原胶

黄原胶是由野油菜黄单胞杆菌以碳水化合物为主要原料（如玉米淀粉）经发酵工程生产的一种作用广泛的微生物胞外多糖，其分子结构如图6-8所示。黄原胶具有独特的流变性、良好的水溶性以及对酸碱的稳定性等特点，是目前集增稠、悬浮、乳化、稳定于一体，性能较为优越的胶体。在农业应用方面，黄原胶具有保水性，与不含黄原胶的土壤相比，加入黄原胶可以满足植物在一定时间内对水分的需求。此外，由于黄原胶是一种多糖类物质，可为植物提供所需的碳源和养分，促进植物生长。然而，过量的黄原胶会使土壤结构变得紧密，不利于种子发芽和植物生长。

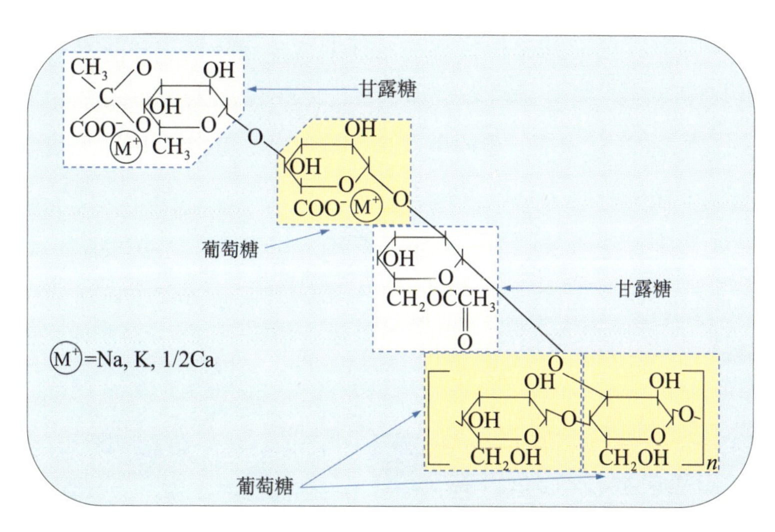

图6-8 黄原胶的分子结构

黄原胶对土的改良作用包括包裹、联结和填充，具体表现为黄原胶遇水形成的胶凝状物质部分在土颗粒表面形成网状薄膜包裹土颗粒，部分填充土颗粒间的孔隙，这两部分作用共同将相邻土颗粒联结为一个整体，从而提高了地基土的强度。黄原胶不仅可用于提高地基承载力与土体稳定性，还可用于防止边坡水土流失。

此外，黄原胶还应用于石油钻井等施工中，黄原胶由于其强假塑性特性，低浓度的黄原胶水溶液可保持钻井液的黏度并控制其流变性能，使得高速转动的钻头部位黏

度较低，节省动力；而在相对静止的钻孔部位则保持高黏度，从而防止井壁坍塌。黄原胶还因其优良的抗盐性和耐热性，广泛应用于海洋、高盐层区等特殊环境的钻井，并可用作采油驱油剂，减少死油区，提高采油率。

2）糯米浆

糯米浆是由糯米经过加工研磨而成的浆状物质，在耐久性和与古建筑本体的兼容性方面具有显著优势。糯米浆中的黏性物质可以与土颗粒结合形成胶体，增加土颗粒之间的黏聚力。当糯米浆加入量过多时，过量的糯米浆会附着在土颗粒表面，降低土颗粒间的摩擦力，因此在使用过程中需要严格控制糯米浆的掺入量。中国古代的建筑工人通常将糯米与熟石灰和石灰岩混合，制成糯米灰浆，用于填补砖石的空隙。将糯米熬浆加入陈化的石灰膏中，能提高灰浆的黏结强度、表面硬度、韧性和防渗性，使砖石砌筑物更加牢固耐久。这种糯米灰浆一般用于建造陵墓、宝塔和城墙等大型建筑，例如南京、西安、开封、西昌等地的古城墙均采用了这种材料，如图 6-9 所示。

在糯米灰浆的固化过程中，消石灰 [$Ca(OH)_2$] 与 CO_2 发生碳酸化反应，生成 $CaCO_3$ 晶体。糯米浆在此过程中约束和调控着 $CaCO_3$ 晶体颗粒的大小、形貌和结构，使其比纯石灰浆的颗粒更加细小和致密。这种细密结构是糯米灰浆具有较高抗压强度和表面硬度的微观基础。同时，糯米浆和生成的 $CaCO_3$ 晶体之间存在协同作用，糯米浆成分和 $CaCO_3$ 晶体均匀分布、互相包裹、填充密实，形成有机–无机协同作用的复合结构，从而赋予糯米灰浆较好的韧性和强度。由此可见，糯米浆能够优化土体的孔隙结构，提高密实度，增强宏观力学性能。然而，随着近代水泥的引入以及糯米灰浆制作工艺的复杂性和固化速度缓慢等原因，传统糯米灰浆逐渐难以适应现代建筑工程的要求，已经逐步退出了建筑市场。

（a）

（b）

图 6-9 糯米浆在古建筑中的应用

（a）糯米浆加固墙体；（b）修复后的四川西昌古城墙

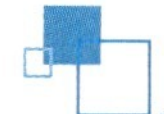

2. 合成高分子材料改良

1）合成树脂

合成树脂是一类人工合成的高分子化合物，兼备或超过天然树脂的固有特性。在整治软弱土地基翻浆冒泥时，常采用灌浆法进行加固，该方法会使用到丙烯酸树脂、脲醛树脂等合成树脂材料。对于丙烯酸树脂，主要分为热塑性和热固性两种。其中，热塑性丙烯酸树脂具有良好的耐水性和耐化学性，干燥快，施工方便，易于重涂和返工，广泛应用于建筑行业。其加固后的土体具有良好的耐水性、耐冻融能力，且耐盐破坏能力得到了显著提高。对于脲醛树脂，由于初黏差、收缩大、脆性大、不耐水、易老化、释放甲醛并污染环境、固化过程中易产生内应力而引起龟裂等缺点，必须在使用前进行改性（如加入 NH_4Cl 等固化剂）以提高性能。改性脲醛树脂掺入土中后，在固化剂的作用下固化，能够形成大量的孔洞和网络状的框架结构。该结构一方面通过固定大量土颗粒起到加筋作用，从而改善土体的强度和变形性能；另一方面可增强土的防水性能。

2）合成纤维

合成纤维是由合成的高分子化合物制成的，种类繁多。传统的加筋方法主要是在土体中植入面状的土工合成材料，包括土工布、土工格栅、土工网、土工条带等土工织物和土工膜等。与上述传统加筋方法相比，合成纤维加筋土是一种通过将细纤维丝或纤维网与土料充分拌合形成的土工复合材料，能有效提升地基土的抗剪、抗压、抗拉强度，进而实现改良土体工程性质的目的。由于纤维具有良好的分散性和易于拌合的特点，纤维加筋土通常被视为均质的各向同性材料。其加筋效果主要取决于纤维与土体界面的力学作用，包括界面的黏聚力和摩擦力。界面的抗剪强度受到含水率、干密度等因素影响，水分含量高时会增强界面的润滑作用，减小纤维与土体之间的摩擦系数；当干密度较大时，压实土样时所需的正应力也越大，土颗粒与纤维表面的有效接触面积增加，则界面上土颗粒与纤维之间的作用力越强，界面作用力也相应增强。

6.2.3　离子固化剂改良

从作用原理上看，离子固化剂是一种高浓缩液态表面活性剂，由多种强离子组成的化学物质，通常加水稀释后使用。其成分中含有磺化油等活性成分，能够很好地溶于水，并离解出带有正电荷的阳离子和带负电荷的阴离子。其中，阳离子主要包括 Ca^{2+}、Na^{+}、K^{+}、Mg^{2+}，阴离子主要包括 Cl^{-}、SO_4^{2-}、NO_3^{-}。当离子固化剂加入土中时，其内部带电荷的离子与土颗粒表面吸附阳离子进行离子交换反应，随着 Ca^{2+} 和 Mg^{2+} 浓度逐步降低，Na^{+} 和 K^{+} 浓度增加，双电层的厚度减小，导致结合水膜变薄，这引起

土颗粒间的作用力发生变化，降低了土颗粒之间的排斥力，使土颗粒相互靠近，聚集形成更大的土颗粒，从而使土体更加坚实，达到土壤固化的目的。

从结构组成上看，离子固化剂中作为表面活性剂，主要由亲水头和疏水尾组成。疏水尾是油性层，能阻止水分进入，而亲水头与土颗粒表面的金属阳离子形成化学链，发生化学反应，导致土颗粒表面形成紊流结构和絮凝结构，增加固化土的强度。这种反应使土从原来的“亲水性”变成“憎水性”，排出了部分土壤内部的吸附水，改善了土体的水稳性。离子固化剂的应用能有效提升土体结构的密实度，降低对水的敏感性，从而提升土体的承载力和防渗能力。目前，离子固化剂在公路工程、建筑工程和环境保护治理等领域得到了广泛应用。离子固化剂改良的特点具体表现在以下几个方面。

（1）常见的离子固化剂用量多为 0.02% 以下，仅需少量原液经水稀释即可固化大量土体，相比于传统水泥等无机固化方式，造价相对较小。

（2）离子固化剂从根本上改变了土的亲水性，使其抗渗性能大幅提高，例如能延长道路在沿河地区的使用寿命。

（3）在改良土体过程中，离子固化剂对周围环境影响相对较小，并且对土的工程性质的影响通常不会随着时间的推移而发生显著变化。

6.2.4 电渗法联合化学固化法改良

第 5 章曾对土中的电动现象（包括电泳和电渗）进行了介绍。目前，电动修复技术和电渗法联合化学固化技术逐渐用于土的工程改良中。其中，电动修复技术通过在污染土两侧施加直流电压形成电场梯度，将土中的污染物质带到电极两端，从而实现污染土的改良。

电渗法联合化学固化法通过将电渗法和化学固化法结合起来，以更好地实现土壤环境修复和土的工程性质改良的目的。在土壤环境修复方面，其作用机理为通过电场作用促进土壤中的污染物迁移积累，再利用化学方法去除污染物。例如，通过利用化学固化剂与有机污染物发生特定反应，将有机物质转化成不溶于水的固体或低溶解度产物，从而实现有机污染物的去除和治理。电渗法联合化学固化法可以提高污染物的去除效率，并降低其对环境的污染风险。在土的工程性质改良方面，目前电渗法联合化学固化法已成功应用于地基加固领域。通过在阳极和土体中同时注入化学溶液，可以显著提升电渗处理效果以及改善土体的排水性能和导电性，这种方法不仅能缩短处理时间，还可以扩大电渗作用的影响范围，进而增强地基土的强度。然而，注入液中的阳离子总量过大可能导致处理后地基土的含水率和抗剪强度分布不均。

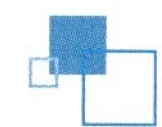

6.3 土的生物改良

土的生物改良早期主要是利用动物、植物和微生物等生物的代谢功能，吸收、转化、清除或降解环境污染物，实现环境净化和生态恢复，用于治理受污染的自然环境和恢复生态平衡。随着岩土工程学科的发展，这项技术逐渐被应用于土的工程性质的改良，如提高土体稳定性和地基承载力等。与物理改良和化学改良相比，生物改良因其对环境扰动少、不易造成二次污染、修复成本低且处理效果好等优点，为土壤修复和土体加固提供了绿色生态的技术路线。根据承担主要改良功能的生物种类的不同，生物改良可分为动物改良、植物改良和微生物改良。

6.3.1 动物改良

动物改良是指利用土中的动物（如蚯蚓）在土中的生长、繁殖和新陈代谢等活动行为对污染物进行破碎、分解、消化和富集的作用或直接利用动物体（如牡蛎、珊瑚虫），来降低或消除污染物，改善土的结构，提高土的变形和强度特性等。

1. 蚯蚓改良

动物主要通过筑造巢穴或生理活动等改善土体的物理性质，如蚯蚓通过在挖洞时推动土来压实土体进而来提高土的力学性质。其对土壤环境的修复，一般通过掘穴摄食和体表接触两个途径进行。首先，在掘穴摄食过程中利用肠道中嗉囊及砂囊将吞食的土壤污染物和食物粉碎混合，并在体内消化吸收，同时排出的粪便中富含氮、磷元素，可以优化土壤碳、氮、磷结构。其次，蚯蚓表皮可以吸收土壤污染物，具有恢复土壤环境的作用。此外，由于蚯蚓是腐食性动物，以发酵后的禽畜粪便、腐烂的蔬菜瓜果、枯枝落叶等为食，它们能够将这些物质转化为有机肥料，提升土壤肥力。它们的排泄物属于有机肥料，富含大量有益微生物菌群和植物生长调节物质，能够提高土壤肥力、缓解连作障碍，并提升农作物的品质和产量。可见，蚯蚓改良主要适用于生态环境修复。

2. 牡蛎改良

牡蛎作为一种常见的贝类，不仅可以作为食材，在岩土工程中还可以起到加固和防腐的作用。在加固方面，牡蛎独特的黏性能够稳固石材，在没有钢筋水泥的环境下，可以起到重要的加固作用。例如，我国的洛阳桥利用养蛎固基的方法（图 6-10a），即在桥下养殖大量的牡蛎，利用牡蛎附着力强和繁殖速度快的特点，使桥基和桥墩形成一个牢固的整体，显著增强了桥梁的稳固性和耐久性。此外，牡蛎壳还可以作为

建筑材料，在我国沿海地区应用比较广泛。在防腐方面，由于海水中含有的大量氯离子会对海上桥梁的混凝土产生侵蚀，逐渐破坏钢筋钝化膜，引起局部钢筋锈蚀，产生的铁锈进一步降低钢筋混凝土的抗腐蚀性能。通过在混凝土桥墩表面涂抹含诱导剂的环保涂料，可以促进海洋中的牡蛎幼虫在工程结构表面附着生长，形成致密保护层（图 6-10b），从而提高混凝土桥墩的抗腐蚀性能。

（a）

（b）

图 6-10 牡蛎在工程中的应用

（a）洛阳桥养蛎固基；（b）混凝土结构养蛎防腐

3. 珊瑚虫改良

珊瑚岛是海中的珊瑚虫遗骸堆筑的岛屿，因此称为珊瑚岛，如图 6-11 所示。珊瑚岛礁是动物改良并被人类使用的成功案例。珊瑚虫骨骼堆积形成的珊瑚礁，其岩心成

图 6-11 珊瑚岛礁

分通常为石灰岩和生物碎屑，大部分为碳酸盐类方解石，极少部分的生物化石中含有文石。这些礁石构成了海洋中重要的生态系统之一，天然珊瑚礁为人工填岛提供了稳定的基础，是理想的填岛位置。通过将海底土（如珊瑚砂等）吹填至指定的天然珊瑚礁上，可以形成人工珊瑚岛。

可见，动物改良整体上环保且易于推广，有些动物有助于改善土体结构，有些动物在工程应用中则可以起到加固和防腐的作用，而具体起到何种作用取决于动物的类型。需要注意的是，动物改良易受气候条件、食物来源、人类活动等影响。其中，气候因素如气温和湿度会直接影响动物的生长、繁殖和活动规律。例如，在较高温度下，一些动物可能会活跃地进行土质疏松、通气等活动，从而加速土体的改良过程；而在干旱或极端湿润的环境中，动物的活动可能会受到限制，从而影响其改良效果。

6.3.2 植物改良

植物改良最初作为一种清除环境污染的绿色技术，在解决土壤污染方面发挥着重要作用。其以植物忍耐和超量累积某种或某些化学元素的理论为基础，利用植物及其共存物生物体系清除环境中污染物，通过植物吸收、转移、积累和代谢等过程，将污染物转变为对环境无害的形式。随着岩土工程的发展，现在已转向利用植物改善土的工程性质，包括利用植物加筋技术加固土体，利用植物源脲酶诱导碳酸钙沉淀技术对微裂隙进行封堵以及利用生物炭提高土的抗剪强度。

1. 植物加筋改良

工程建设中经常会引发边坡退化，施工过程中形成的裸露边坡，因治理不当和恢复不及时，使得土壤被进一步侵蚀，影响道路安全，威胁生物多样性和生态系统稳定。为防止坡面侵蚀并恢复生态环境，通常使用植被对已开挖的边坡进行生态防护，由此衍生出了植物加筋改良，其主要是指通过利用植物纤维对土体的加筋作用增强土体稳定性（图 6-12）。常见的植物纤维包括剑麻纤维、棕榈纤维、水稻和小麦秸秆纤维等。其中，秸秆加筋土通过土－秸秆的作用力和秸秆自身的强度、韧性来实现较好的加固效果，可以有效提高土的强度，从而改善土体的工程性质。此外，通过在土中种植植物，利用植物根系在土中交织穿插的特点以及受力时具有一定的抗拉力，也可增强土体的抗剪强度。根系与土颗粒之间的接触面越大，根土界面的摩擦力越大。总体来讲，植物加筋方法可以有效改善土的力学性能，提高土体的稳定性。

目前，植物加筋改良法已经广泛应用于边坡、挡墙和路基等工程中。其中，植物加筋挡土墙是应用较为典型的案例，主要形式有土工格栅加筋挡土墙和绿色加筋格宾挡墙。土工格栅叠成墙体，并填充种植土，可以实现挡墙土体加固与绿化效果。绿色加筋格宾挡墙通过钢筋形成墙体，并在墙内种植植物，利用植物根系起到加固作用。这两种方法都利用了植物根系的增强效果，通过植物的生长进一步增强墙体的稳定性，是绿色加固土体技术的代表。除植物加筋挡土墙外，植物加筋边坡同样结合植物加筋和土工合成材料共同的叠加作用，即在坡面上构建出具有自身生长能力的防护系统。通过植物的生长，边坡得以绿化和加固，植物加筋边坡不仅发挥了生态环境效应，还显著提高了边坡对水力侵蚀的抵抗能力。

图 6-12 植物边坡加固

2. EICP 改良

植物源脲酶诱导碳酸钙沉淀（Enzyme-induced Carbonate Precipitation，EICP）加固技术是利用从植物材料（如大豆和刀豆）中提取的脲酶溶液与尿素和钙离子溶液混合，生成碳酸钙沉淀，以此来加固土体（图 6-13）。碳酸钙沉淀能够填充土体孔隙，胶结土颗粒，从而实现土体加固。EICP 的加固方法有多种形式，包括注射、表面渗滤、土壤混合和表面喷洒等。其中，通过渗滤和喷洒方式处理土壤，操作简便，易应用于实际工程中。目前，EICP 已广泛应用于增强边坡稳定性、提高地基承载力和抗侵蚀等方面。

与微生物诱导碳酸钙沉淀加固技术 MICP（6.3.3 节讲述）相比，EICP 在环境适应性方面具有独特的优势。EICP 不需要氧气，因此可以在 MICP 无法有效工作的条件下使用。此外，由于脲酶分子尺寸较小，EICP 在细粒土加固和微裂隙封堵方面效果更佳。然而，由于缺少细菌作为成核位点，EICP 加固的均匀性不如 MICP。

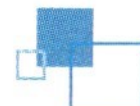

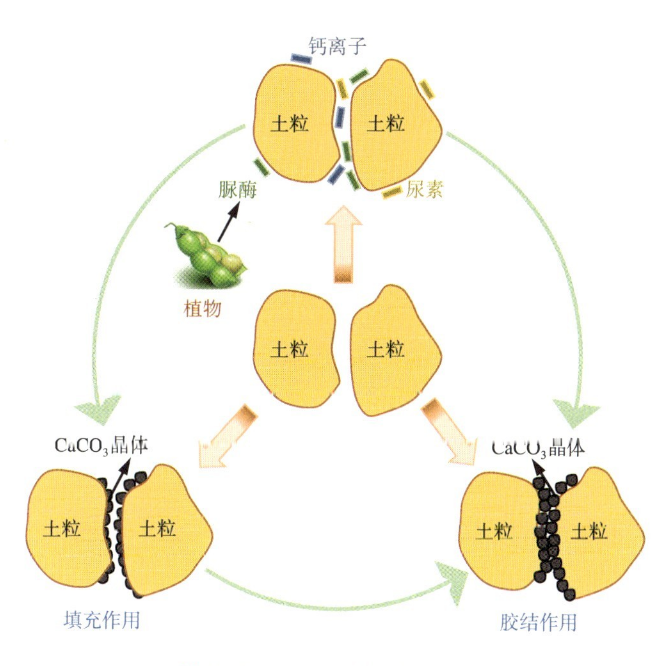

图 6-13 EICP 加固机制示意图

3. 生物炭改良

生物炭是一种细颗粒状木炭，富含有机碳且难降解，是由农林废弃有机物等生物质在限氧和一定温度条件下热解形成的稳定的富碳产物。作为一种土壤改良剂，生物炭形成了一个顽强的土壤碳结合体，这种碳结合体是碳负性的，可将大气中二氧化碳储存到土壤中。生物炭具有含碳率高、孔隙结构丰富、比表面积大、表面富含（或可吸附）多种有机官能团、理化性质稳定等特点，此为其成为广泛应用的土壤改良剂的重要基础。在生态环境方面，生物炭改良一方面可以增加土壤的饱和含水量和田间持水量，另一方面可提高土壤团聚体稳定性以及抑制土壤水分蒸发，从而使土壤肥力得以保持甚至显著改善。在土的工程性质改良方面，生物炭的施加会对土的粒径分布以及密实度等产生一定的影响，能够增加颗粒间的黏聚力，进而提高土的抗裂性能和强度特性等。

由上可见，植物改良在岩土工程中的应用不仅拓展了建筑设计的可能性，还能改善土的结构，提高土的强度。上述三种植物改良方法中，植物加筋改良与生物炭改良主要通过植物纤维、根系以及生物炭来增加土颗粒之间的黏聚力，从而提高土的加固效果；而 EICP 改良则利用碳酸钙沉淀物以填充土体孔隙、胶结土颗粒，从而实现土体加固。此外，植物改良不仅造价较低，还能够提高土壤中有机质含量，有效抑制土壤侵蚀，为实现生态、节能、环保的建筑目标提供了重要路径。

6.3.3 微生物改良

自20世纪60年代以来，土壤学家和地质学家开始注意到在自然环境中存在大量微生物，它们的常规代谢活动可以直接改变岩土体的物理力学性质。在农业生态领域，主要是利用微生物的降解作用，将有毒污染物降解为无毒物质或降低其活性来修复土壤肥力。近年来，微生物改良开始在岩土方面得到应用，其利用自然界广泛存在的微生物的新陈代谢，与环境中的物质发生生化反应，以改善土体的物理力学性质。在岩土工程中，可以利用的几种微生物过程包括微生物矿化作用、微生物产气泡过程和微生物膜。其中，微生物诱导碳酸钙沉淀（Microbially-induced Carbonate Precipitation，MICP）加固技术是微生物矿化作用中应用较为成熟的一种。此外，一些微生物联合加固改良方法，如活性氧化镁联合微生物改良法和电渗法联合微生物改良法等，也逐渐在土的工程性质改良中得到应用。

然而，不论哪种微生物改良方法，在土体加固中都表现为填充作用和胶结作用两方面。其中，填充作用指利用微生物生成的材料来填充土体孔隙，从而改善土体的孔隙结构和渗透性，具备封堵和防渗的功能。胶结作用则通过微生物的生命活动及其产物形成胶结材料，增强土体的强度和刚度，实现加固效果。该技术已被应用于土体加固与防渗、砂土液化防治、土体抗侵蚀以及污染土治理等方面。

1. MICP 改良

微生物具有个体微小、繁殖速度快、适应能力强等特点，能够在环境变化中产生新的自发突变株，或通过形成诱导酶产生新的酶系。基于这些特性，源于自然界生物矿化过程的MICP技术能够弥补传统改良方法的不足。这种技术具有高度的环保性，特定微生物通过生产脲酶将尿素水解出碳酸根和铵根离子，在碱性环境中结合形成性质稳定的碳酸钙，填充土体孔隙，从而加固土体（图6-14）。

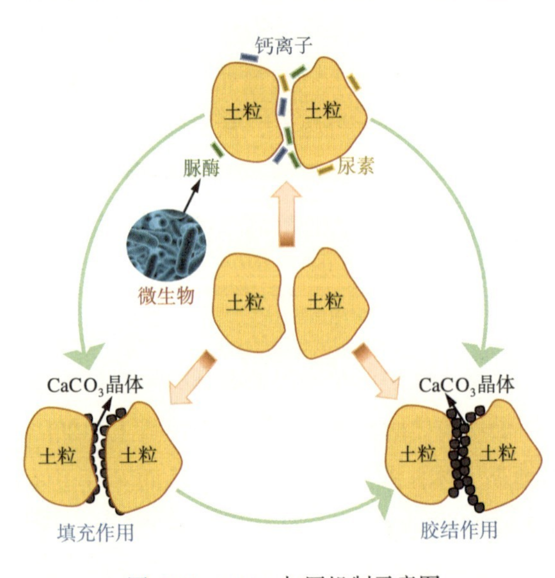

图6-14 MICP加固机制示意图

目前，MICP技术已被广泛应用于提高地基、边坡、大坝等工程稳定性和安全性，以及石油开采的防渗问题等。其中，在防渗方面，MICP技术相比传统技术具有显著优势，它不仅能够有效地探查渗漏源的位置，还能自动完成封

堵。然而，需要注意的是，尽管 MICP 能够对渗漏位置进行有效封堵，但土的孔隙尺寸的范围对该技术应用影响较大。如果微生物尺寸相对于土颗粒尺寸太大，营养物质传送困难，影响细菌活性，则无法达到封堵目的；如果微生物尺寸相对土颗粒尺寸太小，营养液会因土层透水性较大而流出土体，同样无法实现封堵目的。因此，该技术的关键在于准确确定土体孔隙尺寸，并选择合适的营养液。

2. 活性氧化镁联合微生物改良

活性氧化镁（MgO）固化技术是一种新型土体加固技术，主要是利用碳化固化技术来加固土体，即利用活性氧化镁与二氧化碳之间的反应，在短时间内显著提升土的强度。固化土的强度与 MgO 的掺入量和活性成正比，即 MgO 掺入量和氧化镁活性越高，固化土的强度越大，这主要是因为活性氧化镁碳化会生成具有胶结性和膨胀性的物质，填充土颗粒间的孔隙，同时将土颗粒胶结，提高整体的强度和稳定性。然而，该技术在固化过程中需要通入一定浓度和压力的 CO_2，使得在实际工程应用中难以控制，对固化效果会产生一定的影响。在活性氧化镁固化技术基础上，借鉴 MICP 技术，利用微生物通过分解尿素产生的碳酸根离子替代活性氧化镁固化过程中所需的 CO_2，即活性氧化镁联合微生物改良。这种方法的反应过程更易于控制，且能够显著提高加固效果。由于菌液与先加的尿素会发生作用，菌液产生的脲酶促进尿素分解产生大量的 CO_3^{2-} 和 NH^{4+}，CO_3^{2-} 和活性氧化镁水化产生的 Mg^{2+} 发生反应生成大量水合碳酸镁，由于水合碳酸镁具有良好的胶结性，使土颗粒能够更好地胶结在一起（图 6-15），所以活性氧化镁联合微生物改良的土的强度会显著提高。

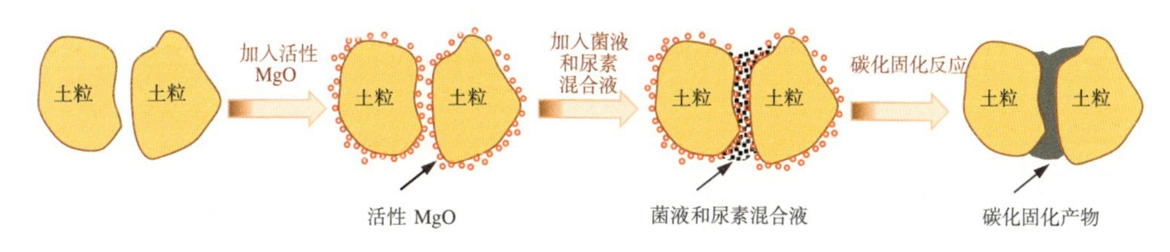

图 6-15 活性氧化镁 - 微生物技术固土机理

3. 电渗法联合微生物改良

在 6.2 节化学改良中，曾介绍了电渗法联合化学固化法。与此类似，电渗法联合微生物改良目前也已应用于土的工程改良中，且取得了较好的改良效果。电渗法联合微生物改良可以叠加电渗法与微生物法的共同效果，在电场作用下，Ca^{2+} 从阳极向阴极运移，尿素也随之向阴极运移，同时在阳极和阴极产生气泡，增加界面电阻，提高土壤温度，进而提高细菌代谢酶的活性，最终促进土体中 MICP 反应生成碳酸钙沉积，

并起到支撑骨架和填充孔隙的作用。电渗法联合微生物改良法的耗电量较低，在单纯微生物改良法基础上增加的工序不多，而加固效果显著提升。电渗法联合微生物改良法通过充分利用已有技术和工序，是一种性价比较高的处理方法，目前主要应用于软土地基加固。

由上可知，无论 MICP 改良，还是微生物联合改良，都是通过反应生成碳酸钙沉积来起到支撑骨架和填充孔隙的作用，从而实现加固效果。相比于传统的改良方法，微生物改良具有明确的反应机理、对环境污染影响较小、条件可控、原材料价格低廉等优点，目前利用微生物自身的新陈代谢来解决工程问题已在多个领域得到应用。然而，微生物改良过程同时也是一个复杂的生物化学过程，首先反应条件会对加固效果产生较大影响；其次，土中微生物的数量和土壤性质等都对微生物的生长和繁殖起到重要影响。因此，在利用微生物对土的改良时，需要综合考虑这些因素，选择合适的微生物种类和施用方式，以达到最佳的改良加固效果。

思考与习题

6-1 何为土的工程改良？

6-2 简述预压固结法的概念及分类。

6-3 简述多年冻土层预先融化法的特点。

6-4 常见的土的化学改良技术有哪几类？

6-5 与物理改良和化学改良相比，土的生物改良具有什么优势？

6-6 论述土的生物改良现状及未来发展趋势。

参考文献 BIBLIOGRAPHY

[1] 赖远明，张明义，李双洋，等 . 寒区工程理论与应用 [M]. 北京：科学出版社，2009.

[2] 陈云敏 . 环境土工基本理论及工程应用 [J]. 岩土工程学报，2014，36（1）：1-46.

[3] 陈湘生 . 地层冻结法 [M]. 北京：人民交通出版社，2013.

[4] 郑健龙 . 公路膨胀土工程理论与技术 [M]. 北京：人民交通出版社，2013.

[5] 刘汉龙，肖杨 . 微生物土力学原理与应用 [M]. 北京：科学出版社，2022.

[6] 钱鸿缙，王继唐，罗宇生，等 . 湿陷性黄土地基 [M]. 北京：中国建筑工业出版社，1985.

[7] 谢定义 . 非饱和土力学 [M]. 北京：高等教育出版社，2015.

[8] 赵成刚，刘艳，李舰，等 . 高等土力学原理 [M]. 北京：清华大学出版社，北京交通大学出版社，2023.

[9] 姚仰平，罗汀，侯伟 . 土的本构关系 [M].2 版 . 北京：人民交通出版社，2018.

[10] 齐吉琳 . 土力学 [M]. 北京：高等教育出版社，2023.

[11] 杨桂通 . 弹性力学 [M]. 北京：高等教育出版社，1998.

[12] 徐学祖，王家澄，张立新 . 冻土物理学 [M]. 北京：科学出版社，2001.

[13] 张靖周，常海萍 . 传热学 [M].2 版 . 北京：科学出版社，2015.

[14] 施明恒，薛宗荣 . 热工实验的原理和技术 [M]. 南京：东南大学出版社，1992.

[15]《工程地质手册》编写委员会 . 工程地质手册 [M].5 版 . 北京：中国建筑工业出版社，2018.

[16] 赵振兴，何建京，王忖 . 水力学 [M]. 北京：清华大学出版社，2021.

[17] 贾建丽，于妍，王晨 . 环境土壤学 [M].3 版 . 北京：化学工业出版社，2022.

[18] 于天仁，陈志诚 . 土壤发生中的化学过程 [M]. 北京：科学出版社，1990.

[19] 谈云志 . 压实红黏土工程 [M]. 北京：科学出版社，2015.

[20] 叶观宝 . 地基处理 [M]. 北京：中国建筑工业出版社，2020.

[21] 缪林昌 . 环境岩土工程学概论 [M]. 北京：中国建材工业出版社，2021.

[22] KUHN T.S.The Structure of Scientific Revolutions[M].5th ed.London：The University of Chicago Press，1970.

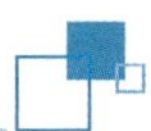

[23] HEY T., TANSLEY S., TOLLE K.M.The Fourth Paradigm: Data-Intensive Scientific Discovery[M].Redmond: Microsoft Research, 2009.

[24] DEWITT R.Worldviews: An Introduction to the History and Philosophy of Science (Third Edition) [M].New Jersey: Wiley-Blackwell, 2018.

[25] TERZAGHI K.Theoretical Soil Mechanics[M].New York: John Wiley & Sons, 1965.

[26] 方晓阳 .21 世纪环境岩土工程展望 [J]. 岩土工程学报，2000，(01): 4-14.

[27] 施斌 . 论工程地质中的场及其多场耦合 [J]. 工程地质学报，2013，21（5): 673-680.

[28] 姚仰平，张丙印，朱俊高 . 土的基本特性、本构关系及数值模拟研究综述 [J]. 土木工程学报，2012，45（3): 127-150.

[29] 姚仰平，杨一帆，牛雷 . 考虑温度影响的 UH 模型 [J]. 中国科学：技术科学，2011，41（2): 158-169.

[30] 齐吉琳，党博翔，徐国方，等 . 冻土强度研究的现状分析 [J]. 北京建筑大学学报，2016，32（3): 89-95.

[31] 刘志强，陈湘生，宋朝阳，等 . 我国深部高温地层井巷建设发展路径与关键技术分析 [J]. 工程科学学报，2022，44（10): 1733-1745.

[32] 包承纲 . 非饱和土的性状及膨胀土边坡稳定问题 [J]. 岩土工程学报，2004，(1): 1-15.

[33] 刘汉龙 . 生物建造体系与展望 [J]. 土木与环境工程学报（中英文)，2024，46（4): 1-22.

[34] GRESCHIK G, GÁLOS M.Environmental geotechnics-an overview[J].Environmental Geology, 1998, 35 (1): 28-36.

[35] ROSCOE K H, SCHOFIELD A N, WROTH C P.On the yielding of soils[J].Géotechnique, 1958, 8 (1): 22-53.

[36] QI J L, CUI W Y, WANG D Y.Applicability of the principle of effective stress in cold regions geotechnical engineering[J].Cold Regions Science and Technology, 2024, 219: 104129.

[37] NAKAI T.An isotropic hardening elastoplastic model for sand considering the stress path dependency in three-dimensional stresses[J].Soils and Foundations, 1989, 29 (1): 119-137.

[38] MATSUOKA H, JUNICHI H, KIYOSHI H.Deformation and failure of anisotropic sand deposits[J].Soil Mechanics and Foundation Engineering, 1984, 32 (11): 31-36.

[39] GRAHAM J, NOONAN M L, LEW K V.Yield states and stress-strain relationships in a natural plastic clay[J].Canadian Geotechnical Journal, 1983, 20 (3): 502-516.

[40] LALOUI L, CEKEREVAC C.Thermo-plasticity of clays: an isotropic yield mechanism[J]. Computers and Geotechnics, 2003, 30 (8): 649-660.

[41] TOWHATA I，KUNTIWATTANAKUL P，SEKO I，et al.Volume change of clays induced by heating as observed in consolidation tests[J].Soils and Foundations，1993，33（4）：170-183.

[42] YAO Y P，LI F Q，LAI Y M.Disaster-causing mechanism and prevention methods of "pot cover effect" [J].Acta Geotechnica，2023，18（3）：1135-1148.

[43] QI J L，WANG F Y，PENG L Y，et al.Model test on the development of thermal regime and frost heave of a gravelly soil under seepage during artificial freezing[J].Cold Regions Science and Technology，2022，196：103495.

[44] QI J L，SHGNG Y，ZHANG J M，et al.Settlement of embankments in permafrost regions in the Qinghai-Tibet Plateau[J].Norsk Geografisk Tidsskrift-Norwegian Journal of Geography，2007，61（2）：49-55.

[45] VANAPALLI S K，FREDLUND D G，PUFAHL D E.The influence of soil structure and stress history on the soil-water characteristics of a compacted till[J].Géotechnique，1999，49（2）：143-159.

[46] KAKAVANDI B，TAKDASTAN A，POURFADAKARI S，et al.Heterogeneous catalytic degradation of organic compounds using nanoscale zero-valent iron supported on kaolinite：Mechanism，kinetic and feasibility studies[J].Journal of the Taiwan Institute of Chemical Engineers，2019，96：329-340.

[47] GAO C Y，SANDER M，AGETHEN S，et al.Electron accepting capacity of dissolved and particulate organic matter control CO_2 and CH_4 formation in peat soils[J].Geochimica et Cosmochimica Acta，2019，245：266-277.

[48] LORENC G E，GRYGLEWICZ G.Adsorption of lignite-derived humic acids on coal-based mesoporous activated carbons[J].Colloid and Interface Science，2005，284（2）：416-423.

[49] 中华人民共和国住房和城乡建设部 . 建筑地基基础设计规范：GB 50007—2011[S]. 北京：中国建筑工业出版社，2011.

[50] 中华人民共和国住房和城乡建设部 . 冻土地区建筑地基基础设计规范：JGJ 118—2011[S]. 北京：中国建筑工业出版社，2011.

[51] 中华人民共和国住房和城乡建设部 . 湿陷性黄土地区建筑标准：GB 50025—2018[S]. 北京：中国建筑工业出版社，2018.

[52] 中华人民共和国住房和城乡建设部 . 膨胀土地区建筑技术规范：GB 50112—2013[S]. 北京：中国建筑工业出版社，2012.

[53] 中华人民共和国建设部 . 岩土工程勘察规范（2009 年版）：GB 50021—2001[S]. 北京：中国建筑工业出版社，2009.

[54] 中华人民共和国住房和城乡建设部 . 建筑地基处理技术规范：JGJ 79—2012[S]. 北京：中国建筑工业出版社，2012.

[55] 中华人民共和国交通运输部 . 公路软土地基路堤设计与施工技术细则：JTG/T D31-02—2013[S]. 北京：人民交通出版社，2013.